U0352751

悄然改写的公主梦

女孩必备安全自助手册

沈青黎 著

海豚出版社
DOLPHIN BOOKS
CIPG 中国国际出版集团

图书在版编目（CIP）数据

悄然改写的公主梦：女孩必备安全自助手册 / 沈青
黎著. -- 北京：海豚出版社，2020.7
ISBN 978-7-5110-5296-4

Ⅰ.①悄… Ⅱ.①沈… Ⅲ.①女性－安全教育－青少
年读物 Ⅳ.①X956-49

中国版本图书馆CIP数据核字(2020)第119037号

悄然改写的公主梦——女孩必备安全自助手册

沈青黎　著

出 版 人	王　磊	
责任编辑	张　镛	
特约编辑	崔云彩	
封面设计	张景春	
责任印制	于浩杰　蔡　丽	
出　　版	海豚出版社	
地　　址	北京市西城区百万庄大街24号	
邮　　编	100037	
电　　话	010-68325006（销售）　010-68996147（总编室）	
印　　刷	北京金特印刷有限责任公司	
经　　销	新华书店及网络书店	
开　　本	880mm×1230mm　1/32	
印　　张	8.5	
字　　数	150千字	
印　　数	10000	
版　　次	2020年7月第1版　2020年7月第1次印刷	
标准书号	ISBN 978-7-5110-5296-4	
定　　价	32.00元	

序言

悄然改写的公主梦

我是一名"80后"。在我们这代人当中，有许多女孩都是读着公主童话长大的。读多了浪漫唯美的公主童话，就会不自觉地做起公主梦来。在那粉红色的梦境里，有漂亮的城堡、精致的公主房、穿不完的公主裙和高跟鞋，还有一切满足少女心的小物件。当然，公主梦里还必须有一位骑着白马的王子，他面容英俊、身材挺拔，既温柔又忠诚，而王子出现的目的，就是保护和拯救美丽的公主。

可是长大之后，我却发现，世界上根本没有那么多的王子，打着王子的旗号招摇撞骗的"青蛙"倒是不少。而当初那些美妙动听的公主故事，教给我的道理在这个真实的世界根本就行不通。比如童话总是告诉我们：女孩只要美丽善良就好，好运气自会降临到你的头上。可是在现实世界中，美丽善良的好女孩往往被伤害和辜负；童话里的女孩们尽可以大胆地去冒险，好心地帮助那些素不相识的路人，反正遇到危险的时候，总会有人站出来解救她们。但在现实世界中，如果不注意防范，一不留神就会跌进坏人的陷阱，甚至有可能丢掉生命……大多数全心全意相信童话、无时无刻不在做公主梦的女孩子，长大后也都不得不同残酷的现实周旋，并且付出大大小小的代价。而直到这时，我才不得不承认：我们读过的许多公主童话都是有毒的。

所以我打定了主意：假如我生一个女儿，我绝对不让她读公主童话，尤其是那些有毒的童话。可是，成为妈妈之后，我却发现，女孩似乎天生就有公主情结，不单是我自己的孩子，还有亲戚朋友家的女孩们，几乎每个人都喜欢穿着漂亮衣服对着镜子"臭美"、悄悄穿上妈妈的高跟鞋在家里走猫步、把芭比娃娃排成一排过家家……而随着年龄的增长，她们的公主情结也越来越明显。她们往往对闪亮的王冠和发卡、蕾丝蓬蓬裙、芭蕾舞鞋等没有免疫力；至于公主童话，更是她们的最爱，睡前必须听上一个才能甜甜地进入梦乡。如果此时剥夺她们听故事的权利，那该是多么残忍的一件事！

所以，我想创作一些不一样的公主童话，并通过这些童话来重塑公主精神的内核。有了这些童话，孩子们大可以继续去做公主梦，与此同时，她们也能学会保护自己，并开始探索独立闪耀的新公主精神。就这样，我开始了新公主童话的创作。

我原本以为，创作新童话会是非常艰难的，但是没想到这个过程异常轻松,童话里的那些角色也仿佛早有知觉,迫不及待跳出来改写自己的命运,并以新的情节向世界宣示:"看,我可不是傻白甜,我是很有智慧的……""我可没有你们想象的那么笨,我很会保护自己!"就这样,在不知不觉中,我完成了新公主童话的创作。在这里也很感谢我的女儿及她的好朋友们,还有我的两个外甥女、一位小侄女,是她们第一时间聆听了我的童话,并给出了诸多意见,我在这个基础上修修改改,这才终于有了现在跟大家见面的这个版本。

我很希望读过新公主童话的女孩们,都能远离公主病,重塑公主梦,自尊且自爱,拥有独立的思想和自由的灵魂,在保护好自己的同时,慢慢成长为最好的自己。祝福你们,我亲爱的小公主们。

青黎

2019 年 11 月

目录

神奇的豌豆：

"开房"是件危险的事

「 智慧心语：开房这件事，只能爸爸妈妈带你去。」

女儿：

　　说到"开房"这个关键词，妈妈想起了你童年时代的一段趣事：那是在你五六岁的时候吧，爸爸妈妈带你外出旅行，去酒店住宿的时候，我们三个人在酒店大厅里等着拿房卡，你却非要抢走爸爸妈妈的身份证，然后自己拿给前台的阿姨，嘴里还大声嚷嚷着："我要开房，我要开房，让我来开房！"周围的人听了，哄堂大笑，我和你爸爸都觉得尴尬极了。

　　回到房间后，我们问你为什么喜欢开房，你天真地回答道："因为爸爸妈妈带我出来玩才能开房啊，我最喜欢跟爸爸妈妈出来玩了！而且酒店的床又大又软，把房间弄脏了也不怕，会有阿姨来打扫，妈妈就不用那么辛苦了！"我们听了，当即释然：原来在小小的你的心目中，开房就是这样简单自然的一件事。可是孩子，你知道吗？在很多成人的心目中，"开房"这个词，可不是那么简单呢！

　　"开房"的表面意思就是到酒店或者宾馆、旅店里开一个房间休息或者住宿。可是，假如带你开房的是爸爸妈妈以外的人，就有可能潜藏着巨大的危险。因为你一旦跟着别人走进了密闭的房间，房门一关，马上就同外界隔绝了，此时万一发生什么危险的事就很难求救。所以，对于"开房"这件事，你一定要提高警惕，并时时谨记：开房这件事，只能由爸爸妈妈带你做，如果带你开房的是爸爸妈妈以外的人，你必须提高警惕，及时找机会逃离，规避可能发生的一切危险。

妈妈曾经多次告诉你，女孩在外面不能饮酒，要随时保持清醒，以免喝醉后神志不清，被人带去了哪里都不知道。平时与人见面、约人谈事情，也不要约在酒店、宾馆等处，要聊天的话最好选择公共的大厅，这样人比较多，万一发生什么情况更容易成功求救。如果有人带你去酒店、宾馆、客栈等一切有可能开房的地方，你必须果断拒绝，并且找机会及时离开现场。这里应当注意的是，大一点儿的酒店要开房间的话都是需要身份证的，必须先到前台办理入住手续才能拿到房卡，而这个过程需要一定的时间，如果你发现有人试图带你开房，你可以趁着这个机会向路人或者酒店工作人员求救；如果去的是小旅店或者不太正规的民宿，不需要身份证就能入住，此时一定要保持警醒，尽快寻找逃走的机会，千万不要贸然进入房间，否则发生危险就很难求救了。

一般来说，我们对陌生人都有一定的防范之心，所以女孩在清醒的情况下被陌生人带去开房的情况会很少，需要重点防范的就是熟人。孩子，你要记住，不管是老师、亲戚、你自己的或者家人的朋友，都不能随便带你开房，如果你发现某些人有这个意图，必须果断拒绝并及时求救和逃离，不要因为对方是熟人而觉得不好意思；如果是特殊情况，比如老师带着你和同学们去外地参加活动，必须去酒店开房住宿，那么请和你的小伙伴们待在一起，不要一个人跑去老师的房间做客。

孩子，随着你一天天长大，总要离开爸爸妈妈独自飞翔。在以后的日子里，你外出住宾馆和酒店的机会还有很多，所以必须对"开房"这件事格外小心。要知道，这绝对不是一件小事，而是一件关乎你人身安全的大事。

接下来，让我们来听一则有关"开房"的故事吧，愿你从故事里学到更多。

从前有位王子，一直想找一位真正的公主结婚，可他遇到的女孩都不是真正的公主。直到有一天，王宫里来了一位自称公主的女孩借宿，于是王后在床上放了一粒豌豆，又铺上了十二层床垫和十二床鸭绒被，邀请女孩睡在这张床上。

第二天，大家询问女孩睡得怎么样。女孩说，睡得糟糕极了，有一粒硬硬的东西硌得自己睡不着觉，弄得自己全身发紫。国王和王后听了，非常高兴，确认女孩是一位真正的公主，因为只有真正的公主才有这样娇嫩的皮肤。于是，王子娶了女孩，那粒豌豆也被摆进了皇家博物馆的橱窗。

可是，王子结婚后却过得非常不开心。他的新娘浑身上下都是公主病，稍有不如意就大哭大闹，搅得整个王宫都不得安宁。而且这位新娘除了皮肤娇嫩外一无是处，既没有才华也不懂分寸，令国民们非常失望。失望之余，王子来到了皇家博物馆，打开橱窗，拿出当初王后用来测试他妻子的那粒豌豆，大声说道："都是你这粒破豌豆，简直毁了我的生活！如果不是你，我根本不会娶一个这么糟糕的妻子，过上这种痛苦不堪的日子！"说完，他就用尽力气，把豌豆扔得远远的。

豌豆觉得委屈极了，回嘴说："这关我什么事，明明是你自己看走了眼！"

可是，王子已经听不见豌豆的话了，他早就愤怒地骑马走远了。

这位王子有一个弟弟名叫艾伦。艾伦在亲眼目睹哥哥不幸福的婚姻后，唏嘘不已。他心想：将来我选择结婚伴侣的时候一定要特别谨慎，因为如果选错人，可能会后悔一辈子。

经过认真的思考，艾伦决定，他将来也要娶一位真正的公主为妻。可是他对"真公主"的定义不是出身高贵，也不是皮肤娇嫩，而是优雅独立、灵魂高贵，更重要的是懂得保护自己，不能像哥哥所娶的豌豆公主一样，大半夜了还一个人在外面乱跑，随随便便就在外借宿，简直太不把自己的人身安全当回事了！

于是，艾伦告别了父母，一个人骑着黑色骏马出发了，他决定去各地走走，寻找自己心目中的真公主。

而当初陈列在皇家博物馆的那粒豌豆碰巧被艾伦的哥哥扔到了一辆马车上，被马车拉着去了许多地方。再后来，它被邮递员不小心装入了包裹，邮寄到了国外。收件人在收到包裹后又把它抖落在了地上，刚好有一位名叫海蒂的女孩路过，将它捡了起来。

海蒂原本也是一位公主，可惜她的国家在战乱中灭亡了。她和父母一起流落到国外，过着拮据的生活。在王宫里的时候，海蒂每天锦衣玉食，有穿不完的新裙子和戴不完的珠宝首饰。可是现在，她每天只能穿着旧衣服做苦工。海蒂对此却毫无怨言，在她看来，日子虽然过得苦，但是每天能够跟爸爸妈妈待在一起，一家人平安团圆，也是很值得庆幸的一件事。后来，海蒂在一位好心人的帮助下进入学校就读，她很开心，也很珍惜入学的机会，每天埋头苦读，取得了不错的成绩。

有一天，海蒂的父亲忽然对她说："孩子，我们一家人虽然逃出来了，可是我们国家的人民仍在受苦，作为国王，我必须承担起自己的责任，回去解救那些可怜的人民，重建我们的国家。所以明天，我要带着你母亲回国了。可是国内太危险，我们不能带着你回去，你一个人留在这里，要学会保护自己。

等到国家安定之后，我们再来接你回家。"

听了父亲的话，海蒂非常不舍。但她明白，父亲这样做是对的。于是，她依依不舍地挥别了父母，开始了一个人的生活。

就在海蒂告别父母的那天晚上，她在路边捡到了这粒豌豆。这粒豌豆碧绿圆润、玲珑剔透，看上去可爱极了。海蒂忍不住把玩了起来。这时候，豌豆开口说话了："你好，很高兴遇见你。"

呀，这居然是一粒会说话的豌豆！海蒂连忙跟豌豆打招呼说："你好，我是海蒂。你居然会说话，这真是太神奇了！"

"嗨，我可不是一粒普通的豌豆，我是用最珍贵的翡翠做成的，是一位王后的嫁妆，曾经进过皇家博物馆。可惜现在我落难了，流落街头。"豌豆伤心地说。

海蒂听了，非常伤感，她想起自己的身世，便更加同情豌豆了。于是她对豌豆说："小豌豆，你别伤心，从此以后就让我陪伴你吧！我也是个孤独的人，我们两个在一起就不会孤单了。"

豌豆听了，非常开心，它大声对海蒂说："就这么说定了，从此以后我会指引你走向幸福！"

就这样，豌豆和海蒂成了好朋友，它每天待在海蒂口袋里，跟着她上学、打工，四处奔走。有空的时候，海蒂就会拿出豌豆跟它讲话，有了豌豆的陪伴，海蒂一点儿都不会觉得闷。

有一天，海蒂去餐馆打工，工作结束后，胖胖的老板忽然对她说："海蒂呀，你工作非常努力，我决定给你加薪水。待会儿我带你去一个地方，咱们来商量一下究竟该给你涨多少钱。"

"就在这儿商量不行吗？"听说要涨薪水，海蒂很开心，可是她不明白为什么要去别的地方聊薪水。

"不行啊，如果在这里讨论涨薪水的事，被其他服务生听到了，他们也会要求涨薪水的。"老板说道。

听了老板的话，海蒂同意了，决定跟着老板出门。这时候，豌豆在海蒂口袋里小声说道："你要小心哦，这个老板有可能对你心怀不轨，他要带你去开房。"

"开房？那是做什么？"海蒂奇怪地问。

"就是把你带进一个房间住宿，一般是指旅店的房间。开房这种事，只能爸爸妈妈带你做，如果是陌生人，一定不能跟着他们做这件事，因为一旦走进了密闭的房间，对方很有可能趁机侵害你。"豌豆这样说。

听了豌豆的话，海蒂变得十分警惕，但她太想涨工资了，所以还是决定冒险跟着老板出去。

果然，胖老板把海蒂带到了一家旅店里，对服务生说："请给我一个房间。"海蒂觉得很不安，问老板："为什么要开房间，我们在大厅里讲加薪水的事不行吗？"

"当然不行，这件事必须保密，不能让别人听到。"老板说完，就拉着海蒂走向房间。

"快跑！"豌豆在口袋里说道。

　　海蒂听了，拔腿就跑。她有一双修长的腿，跑起来就像风一样。胖老板根本就追不上。不一会儿，海蒂就跑得不见人影了。

　　直到确认甩掉了胖老板，海蒂才停了下来，气喘吁吁。这时她听见豌豆在口袋里说："你今天做得对，遇到危险就该快点儿跑，幸亏你还没走进那个房间就跑掉了，如果进去了，门一关可就没那么容易逃掉了。"

　　一段时间以后，海蒂学校的校长忽然宣布，为了奖励优等生，自己将带领这部分学生到邻国游学。海蒂和其他九位学生获得了这项荣誉。

　　于是，海蒂等人在校长的带领下开始了自己的旅程。晚上，大家入住了一家旅馆，海蒂还没走进自己的房间，忽然听见校长对她说："海蒂，你来我的房间一趟，我有事情跟你讲。"

　　"小心哦，海蒂，这个校长不像好人。"豌豆又在口袋里提醒她。

　　可校长是学生们最尊敬的人，他应该不会做坏事吧？海蒂有点儿迟疑。

　　"海蒂，你必须对自己的安全负责，一旦走进了密闭的房间，发生什么事可就麻烦了！"豌豆见海蒂没有拒绝校长，着急地说道。

　　于是海蒂鼓足勇气对校长说："对不起校长，今天太晚了，我要回房间休息了，有什么事明天再说吧。"说完，她就转身回到了自己的房间，然后马上锁好了门窗。这时候她听见豌豆赞许地说道：

"你做得很棒，女孩必须提高警惕，绝不能让自己以身涉险。"

从此以后，海蒂变得更加细心了，她小心翼翼地保护着自己，同时期待着父亲和母亲顺利安定国家，早日接回自己。有一天，海蒂正走在路上，忽然遇见了一位父亲过去的随从。对方看到海蒂，非常开心，热情地对她说："我终于找到您了，美丽的海蒂公主，您父亲命令我接您回国。赶快跟我走吧！"

海蒂听了，非常激动，她迫不及待地坐上了随从的马车，甚至没有听到口袋里的豌豆提醒自己小心的声音。

马车在大道上一路疾驰，不知不觉中黄昏降临了。随从在一家旅店门前停下了马车，对海蒂说："亲爱的公主，看来我们要在这里住一晚，明天再继续赶路。"

海蒂同意了。可是她注意到，随从只要了一个房间。海蒂质问随从为什么要这么做，随从告诉海蒂："现在国家的经费非常紧张，我们必须节约每一分钱，因此就要委屈您跟我同住一个房间。反正只有一个晚上，明天我们就可以到家了。"

可是海蒂坚决不同意，她说："男女有别，我绝对不会跟你同住一个房间。这样做既不安全，也不符合公主的举止。"

两人争执不下，后来随从急了，使劲把海蒂往房间里拉，口中说道："你以为你还是从前的公主吗？你现在不过是个穷女孩，如果再不听话，小心我把你卖掉！"

海蒂见状，开始大声呼救。刚好艾伦小王子也游历到了此地，住在同一家旅馆，他听见求救声，马上拿着剑冲了出来，救下了海蒂。

获救之后，海蒂诚恳地向艾伦道谢。艾伦看到海蒂的手臂受伤了，便请她到自己的房间里包扎休息，但海蒂拒绝了，她说："谢谢你出手相救，我永远感激你，也希望有一天可以报答你。不过现在天色已晚，我进入你的房间是不合适的，所以就先不打扰了。"

"可是你的手臂受伤了……"艾伦着急地说。为了让海蒂相信自己，艾伦取出自己的王冠给海蒂看，并告诉她："你放心，我不是坏人，而是一位王子，我只想帮助你，绝不会伤害你。"

但海蒂仍然没有接受艾伦的邀请，而是真诚地对他说："小王子，谢谢你，我相信你是一个好人。不过，不随便跟异性一起走进密闭的房间是我的原则，我不会轻易改变自己的原则。"

听了海蒂的话，艾伦没有再勉强她，而是取出药品和绷带，在走廊里帮她进行了包扎，然后又帮海蒂开了一个房间。海蒂再三谢过艾伦，并承诺以后会把住旅店的钱还给他。

天亮之后，艾伦把海蒂送回了她的住所，海蒂也向艾伦表示了感谢，并带他游览了周围的名胜古迹。在这个过程中，艾伦发现海蒂举止优雅，思想独立，知识丰富，而且非常有主见，他在不知不觉中喜欢上了海蒂，认定了海蒂就是自己一直寻找的人。

于是，在相处一段时间之后，艾伦郑重地向海蒂求婚，他对海蒂说："你就是我一直寻找的真公主。"

"真抱歉，我曾经是一位公主，但现在我只是一个普通的女孩，我的国家陷入了危机，我的父亲回去复国，但不知道能否成功。现在的我，只是一个孤独的穷女孩，陪伴我的只有一粒豌豆。"海蒂坦率地对艾伦说。

"请别误会我的意思，我所说的公主，不是指拥有皇家血统和公主身份的女孩，而是那些有着优雅高贵的灵魂且懂得保护自己的女孩，她们才配得上'公主'这两个字。在我心目中，你就是这样的女孩。"艾伦说道。

"是的，我作证，海蒂就是这样的女孩！"这时候豌豆忽然从海蒂口袋里蹦了出来，大声说道。

海蒂和艾伦被吓了一大跳，接下来艾伦又有了新发现：原来那粒豌豆就是陈列在自己国家皇家博物馆里的那一粒。

"咦，原来是你！你怎么会出现在这里？"他好奇地问。

"还不是你哥哥干的好事！他认为是我导致他娶了错误的新娘，所以把我扔掉泄愤。事实上这根本不关我的事，是他自己不会选人！你就比较聪明了，找到了海蒂这么好的女孩，你们在一起一定会幸福的！"豌豆笑嘻嘻地说。

豌豆说对了。后来，海蒂嫁给了艾伦，过上了幸福的生活。

而那粒豌豆，在经历过一场漫长的旅行之后，又被摆进了皇家博物馆的橱窗。

几年后，海蒂的父亲成功重建了国家，让人民过上了安定的生活。海蒂又恢复了公主的身份，但艾伦并不在意这些，他说："在我心目中，海蒂一直都是一位真公主，这一点从未改变过。"

安全提示

1.夜晚的时候，女孩不要一个人在外面乱跑，也不能随便在外借宿。

2.如果有人以商量任何事情为由带你外出，你一定要提高警惕，不要跟着对方去偏僻的地方。

3.如果发现有人带你开房，在酒店或者旅馆的大厅时你可以找机会向服务生和其他客人求救，或者在去往房间的路上逃走。

4.无论什么原因，都不要跟着异性走进密闭的房间。

5.如果学校组织出游或者集体活动，需要在外住酒店，一定要和大部队待在一起。如果有异性老师单独进入你的房间，或者喊你去他的房间，一定要小心，可以委婉拒绝或者请其他同学做伴。

6.如果熟人要开车带你出去玩，或者做别的事，一定要告诉家长，最好请爸爸妈妈一起去，不要随便上他人的车。

7.学会坚持原则，对自己的安全负责。

02

红舞鞋：

如果有人诱骗你

「智慧心语：懂得控制自己欲望的人，才能赢得自己的人生。」

女儿：

　　妈妈读大学的时候，隔壁宿舍有两名女孩，我们姑且称她们为Ａ和Ｂ吧。Ａ和Ｂ长得都很漂亮，和许多爱美的女孩一样，她们也都喜欢衣服、鞋子、化妆品和各式各样的包包，可是那时候大多数学生都没什么钱，两人家庭条件也都不算好，所以她们都买不起贵的东西，只能去学校附近的批发市场淘一些便宜货。

　　Ａ并不满足于这样的生活，她渴望穿大品牌的衣服、拥有各式各样的名牌包包。刚好这时候，Ａ在做兼职的时候认识了一个有钱的中年男子，男子一眼就看中了漂亮的Ａ，开始热烈地追求她，不停地送购物卡和新包包给她，Ａ一点儿都不喜欢那个男子，可她还是被男子的礼物打动了，选择了跟男子在一起。

　　从此以后，Ａ过上了想买什么就买什么的生活。她每天把自己打扮得花枝招展，挎着耀眼的包包在校园里游荡。每当夜幕降临时，她的"男朋友"——那个中年人，会开着一辆跑车到宿舍楼下接她，等Ａ上车后，两个人便开着车绝尘而去。

因为钱来得又多又快，A 也失去了努力的动力。她每天醉心于购物和打扮，心思一点儿都没有花在学习上。因此经常挂科，最后差点儿拿不到毕业证。而直到很久之后，A 才知道，自己所谓的"男朋友"，其实是有家庭的，那人的孩子都已经读中学了！纠缠几年后，A 愤然离开了那个男子，但她过惯了花钱如流水的生活，自身也没有什么真本领，因此只好继续同已婚的有钱人"谈恋爱"，靠他们的钱来维持奢华的生活。

再说说 B 吧，她虽然也很向往买东西不看价格的生活，但却没有盲目选择 A 所走的那条路。其实那时候 B 的身边也不乏追求者，其中也有经济条件好、愿意为她一掷千金的人，可是 B 都礼貌地拒绝了对方。因为在她看来，还是靠自己的能力赚来的钱花着最舒心。因此 B 一直在用功读书，每年都是一等奖学金的获得者，与此同时她还苦学英文，经常泡在宿舍里刷原版电影，练就了一口流利的英文。

毕业后，B 以优异的成绩考上了一所名牌大学的研究生。在读研二的时候，因为英语好、专业扎实，她顺利通过了学校的选拔计划，拿到了国外交换生的名额，公费赴美留学。毕业之后，B 顺利进入一家全球知名的公司，扎扎实实从基础岗位做起，现在已经做到了区域负责人的位置。

现在的 B，已经实现了财务自由，过上了想买什么就买什么的生活。她周身名牌，经常坐着头等舱飞往世界各地，在行业领域里也非常受人尊重。而不久前我也刚刚听说了 A 的消息：她过得很不如意，因为年龄大了，容貌也不再娇丽，她再也找不到愿意为她买单的有钱人，一个人过得非常孤单落魄。

孩子，渴望拥有好的事物并没有错，关键是你拥有它的方式是否正确。诱惑的背后，往往隐藏着巨大的骗局，专等那些目光短浅的人跳进去。面对世间种种诱惑，如果你能像 B 那样，不被自己的虚荣心牵着鼻子走，不满足于眼前的利益，而是放眼长远，学会克制，用自己的努力来换取想要的事物，那么，你终将成为人生的赢家。

接下来，让我们来听一则跟诱惑有关的故事吧。

有位公主名叫塔莎，她非常爱美，最大的心愿就是穿遍世界上最美的裙子，并把全世界最大、最璀璨的钻石镶在王冠上。有一天，塔莎和家人正吃晚餐，她的祖母忽然问她："孩子，你的生日快到了。今年的生日，你想要什么礼物呢？"

塔莎听到祖母这样问，非常激动，事实上，她早就在等着祖母问这句话了，因为她有一大堆想要的礼物。于是，塔莎迫不及待地对祖母说："我想要十条不同花色的跳舞裙、一双水晶鞋和一顶由锦缎与珠宝编织而成的帽子，还有几串珍珠项链、一顶新王冠，还有……"

"哦……不，这也太多了！"塔莎还没说完，祖母就打断了她，大声说道："孩子，我记得前几天裁缝刚刚为你做了新裙子，你的房间里也摆满了新鞋子和新帽子，还有各种款式的珠宝。至于你的王冠，仍然金光闪闪，不需要换新的。我们虽然是王室成员，但是也要学会节俭……"

"哎呀，祖母，你听我说，裁缝做的那条裙子是风信子图案的，可是我还想要玫瑰和郁金香的；我的鞋子虽然有很多，但是唯独没有水晶鞋，我希望有一双玫瑰色的水晶鞋；还有帽子，我听说邻国现在正流行一种新款的帽子，它是由锦缎编织而成的，上面点缀着珠宝，我想我戴上一定很好看；至于王冠，父王答应过我今年要送给我一顶新的，并镶上一颗最大的钻石……"一说起衣服鞋帽，塔莎就变得手舞足蹈，眼睛里也充满了光彩。

听到塔莎的话，她的父亲和母亲，也就是国王和王后也都停止了用餐，非常无奈地对她说："可是孩子，你不觉得你拥有的太多了吗？你房间里的十几个衣柜都快被塞爆了，可是你还在不断地要新的……"

"不嘛，不嘛，我就要，因为我要当全世界最美的公主！"塔莎捂住耳朵，不听父母的劝导，大声撒娇道。

看到塔莎的样子，长辈们全都无奈地摇摇头。晚餐也在不愉快的氛围中结束了。

终于，塔莎的生日到了。这一天，塔莎穿戴一新，端端正正地坐在房间里，等待着大家来给自己送礼物。过了一会儿，她听到了咚咚的敲门声，连忙跑去开门。

可是，开门一看，塔莎脸上的笑容马上凝固了。因为她发现国王和王后都是空手而来的，只有祖母手里拿着一只礼盒，不过它看上去并不大，肯定装不下自己提到过的所有礼物。

看到塔莎一脸的失望，祖母笑了，对她说：

"我亲爱的孩子，你知道吗？今天我们要送给你的礼物，比你想要的那些东西更加珍贵，因为这是一件祖传的宝贝。"

宝贝？塔莎一听，马上来了精神，连忙把大家请进房间，迫不及待要打开盒子看看是什么宝物。但盒子打开之后，她却又一次失望了，因为盒子里装的根本不是什么稀世珍宝，而是一双最普通的红舞鞋。

"这双舞鞋上面既没有钻石也没有珍珠，谁会把它当宝贝呢？"塔莎没好气地说。

"这可不是一双普通的鞋子，在关键时刻，没准它能帮上你大忙呢！"祖母对塔莎说。但塔莎一点儿都不肯相信，她觉得父母与祖母真的是太小气了，也许是他们舍不得送给自己新的礼物，故意拿一双普通舞鞋来欺骗自己。

这时候，一直站在旁边没有说话的国王忽然开口了，他对塔莎说："孩子，今天是你的十六岁生日，过完生日，你就是大孩子了。所以有些道理你必须明白。我们都知道你喜欢衣服和珠宝，有了金的，又要银的，有了长裙，又要短裙，可欲望是没有止境的，你如果不能学会克制自己的欲望，一味地虚荣下去，是会跌跟头的。别有用心的人会利用你的弱点，然后设下陷阱，等待你自投罗网，到时候，你恐怕会跌得头破血流。为了保护你不受伤害，我们准备了这双红舞鞋送给你。"

听了国王的话，塔莎若有所思，过了一会儿，她终于好奇地问道："这双红舞鞋有什么特别之处？"

看到塔莎对红舞鞋产生了兴趣，满头银发的祖母微笑着说道："噢，说起这双鞋子，那可是大有来历的。在我祖母的祖母还是个小姑娘的时候，曾经帮助过一位仙女，仙女为了报答她，便送给她这双红舞鞋。这双鞋子虽然看上去很普通，但是却能洞悉人心，当穿鞋子的人受到诱惑，即将掉进陷阱的时候，鞋子就会自动跳起舞来，穿鞋子的人是无法停止这种舞蹈的，除非她学会克制欲望，做出全新的决定。"

说完，祖母亲自帮塔莎穿上了那双红舞鞋，鞋子的尺寸刚刚合适。塔莎穿着红舞鞋跳了几步，然后转了一个圈，但依然没有发现鞋子有什么特别之处。而在内心深处，她依然渴望拥有更多美丽的衣物和珠宝，她也并不认为拥有过多的物质欲望是一件坏事。

由于国王并没有送一顶镶着大钻石的王冠给塔莎，塔莎非常失望。因为几个月后，她要去参加一场公主舞会，届时世界各地的公主都会盛装出席舞会，各国王子们也会前来观摩，没有一顶最耀眼的王冠，怎么把其他公主比下去呢？塔莎苦恼极了。

这时候，塔莎忽然想到她母亲的首饰盒里有一颗硕大的宝石，那颗宝石晶莹剔透、光彩夺目，所有看见它的人都会爱上它。于是塔莎的脑中浮现出了一个主意：也许，我可以趁着母亲不注意时取走那颗宝石，再悄悄请工匠帮我镶在王冠上，然后戴着王冠去参加舞会；等舞会结束后，我再请工匠取下宝石，悄悄放回母亲的首饰盒。只要我小心一点儿，谁也不会发现这个秘密，而我却可以大展风采，岂不是两全其美呢？

于是，塔莎马上来到王后的卧室，趁着女仆们不注意，打开首饰盒，取走了宝石。然后，她悄悄找来一位工匠，把宝石和王冠交给他，请他将宝石镶在王冠上。因为怕走漏消息，塔莎特意叮嘱工匠一切都要悄悄进行，还承诺事成后会付给工匠一大笔酬劳。

工匠是个心术不正的人，看到硕大的宝石和纯金的王冠，他的眼睛都发直了。而在得知公主的秘密之后，他马上打起了坏主意，对塔莎说："美丽的公主，我会在两天之内完成您交代的任务。在王宫后面的小山上有一个隐秘的山洞，为了帮您保守秘密，我将在山洞里完成工作，到时请您来山洞找我取王冠，记住，为了保密，你只能一个人来。"

塔莎答应了。

两天后，她瞒着所有人走出了王宫，准备去取回王冠。可是奇怪的事情发生了，当她刚刚迈出王宫大门的时候，红舞鞋忽然自动跳起了舞，塔莎的身体也不自觉转动了起来，摆出各种各样的舞姿。

"噢，这疯狂的鞋子，你给我停下！"塔莎大声命令鞋子。

可红舞鞋根本不听塔莎的指令，带动她的身体不停舞蹈着。就这样，塔莎没能走出王宫，而是一路跳回了宫殿，来到了国王和王后的面前。

就这样，塔莎不由自主地跳了好一会儿，红舞鞋才渐渐安静了下来。面对着国王和王后询问的眼神，塔莎羞愧极了，她忍不住跪在母亲的膝盖旁，向她说出了真相，并请求母亲原谅自己。

"孩子，虽然你做了错事，但却敢于承认错误，我很高兴你能这样做。现在，我们要赶紧追回宝石和王冠。"

于是，国王命令士兵们去找工匠，寻回宝石和王冠，而当士兵们来到塔莎所说的山洞并进行搜查之后，才发现山洞里堆满了锁链和绳子，山洞外面还有一辆马车。士兵们抓回了工匠，并对他进行了审讯，才知道工匠不仅打算独占宝石与王冠，还计划绑架塔莎公主。如果塔莎一个人前去赴约，那么后果将不堪设想。

这件事之后，塔莎对红舞鞋充满了感激，坚持天天穿着它。可是，随着公主舞会的日期一天天临近，塔莎又开始感觉到不安，因为她觉得自己满屋的裙子全都不够漂亮，无法穿着去参加舞会。她迫切希望拥有几条新裙子。

于是，塔莎去找王宫的裁缝们，请他们帮自己缝制一些美丽的新裙子。裁缝们却说没有国王和王后的命令，他们不敢随便给公主缝制新衣。塔莎只好垂头丧气地离开了。

当塔莎闷闷不乐地往回走的时候，忽然听到有人在呼唤她。她停下脚步一看，是一位年老的男裁缝。

"有什么事吗？"塔莎问。

"尊贵的公主，我实在不忍心看到您闷闷不乐的样子，所以哪怕被国王和王后责怪，我也愿意为您缝制新衣。"老裁缝恭敬地回答道。

听了老裁缝的话，塔莎喜出望外，她连忙对裁缝说："你放心，我不会把你帮我缝制衣服的事说出去，你不会被父王和母后怪罪的。"

于是，老裁缝提出要去塔莎的房间帮她测量尺寸，塔莎同意了。来到房间之后，塔莎拉上了窗帘，然后请老裁缝测量尺寸。没想到老裁缝却说："美丽的公主，请您脱下衣服，以便我能更精准地测量您的尺寸。"

测量尺寸为什么要脱衣服呢？塔莎很疑惑。之前都是女仆帮她测量尺寸然后告诉裁缝们的，难道之前的尺寸不能用了吗？

老裁缝似乎看出了塔莎的疑虑，对她解释说："塔莎公主，您长高了，以前的尺寸不准确了，您只有脱下衣服，我才能量出最精准的尺寸，这样才能缝制出最合身的衣服，把您打扮得光彩照人。"

早在塔莎很小的时候，母亲就告诉过她：对女孩来说，身体是非常宝贵的，绝对不能在别人面前脱下衣服，也不能随便让人碰触自己的身体，尤其是小背心、小内裤覆盖的地方。所以塔莎对老裁缝的要求有点犹豫。但是，她太想拥有新衣服了，更想光彩照人地出现在公主舞会上，因此犹豫了一会儿，塔莎还是狠狠心，决定脱下外衣。

这时候，奇怪的事情发生了，红舞鞋又开始狂舞，塔莎也被迫跳起舞来，她像风一样旋转，一脚就把老裁缝踢倒在地。接下来塔莎又在红舞鞋的驱动下跳出了房间，一路舞蹈着来到了大厅。而直到祖母出现，塔莎才停止了跳舞。

看到祖母，塔莎明白自己的秘密藏不住了，便向祖母坦白了自己的所作所为。祖母非常吃惊，严厉地对塔莎说："每一位女孩都应该学会保护自己的身体，果断拒绝那些不合理的要求。你怎么能为了得到几件新衣服，答应裁缝的过分要求呢？如果不是红舞鞋阻止你，你会陷入巨大的危险！"说完，祖母就叫来了士兵，命令他们抓捕老裁缝。

后来，老裁缝被抓进了监狱，经过审讯，大家才知道原来这个老家伙多次以缝制新衣量尺寸为借口诱骗女孩，然后借机碰触她们的身体，不少女孩为了得到新衣服都上当了。知道这件事之后，塔莎懊恼不已，下决心再也不犯这种愚蠢的错误了。

可是，塔莎依然渴望更多的珠宝和新衣，她希望把自己打扮得华贵动人，然后在公主舞会上大出风头。于是，她带着一袋金币偷偷溜出了王宫，想去外面买些首饰和新衣服。

可是，当塔莎来到卖衣服的市场之后，却非常失望，因为那儿的衣服粗糙极了，远不如王宫里的衣服华丽精致。因为大失所望，她不小心弄掉了手中装金币的袋子，袋子掉在地上，发出了清脆的响声。

卖衣服的商人听出那是金币的声音，马上起了坏心，他对塔莎说："美丽的女孩，你没有选到可心的衣服吗？"

"这些衣服质地都太差了，款式也都过时了，我可是要去参加舞会的，怎么能穿这样的衣服呢？"塔莎回答说。

"哦，是这样的，这里的老百姓都很穷苦，因此只能买得起这样的衣服。我还有一些高档礼服，用的都是最好的绸缎，上面镶满了珍珠和贝壳，你要不要去看一看？"商人问塔莎。

塔莎马上同意了，于是商人邀请她乘坐自己的马车去仓库看衣服。事实上，他只想把塔莎骗到一个地方杀掉，然后抢走她的金币。

当塔莎正要坐上马车的时候，红舞鞋忽然又开始跳舞。这一次塔莎的舞步格外有力，居然一脚踢在了马肚子上，马匹受到了惊吓，开始四处奔跑，惊慌当中，马儿把商人撞到了河里。幸好塔莎并没有受伤，她一路跳着舞蹈回到了王宫。

这件事之后，塔莎深刻反省了自己的行为，意识到是自己的虚荣心太强、自我保护意识太差，才让坏人有机可乘。她决心再也不被欲望牵着鼻子走，而是做一个思想独立、懂得保护自己的公主。

于是，塔莎把自己那些美丽的衣服和珠宝全都捐给了穷人，然后穿着红舞鞋和一身简单的礼服去参加了公主舞会。虽然那天的塔莎不像其他公主那样衣装华美、珠宝遍身，但她的内心非常平静，也表现得落落大方，看上去优雅极了。

正是在那场舞会上，塔莎认识了一位英俊的王子，王子被塔莎的优雅举止深深打动了。在他看来，虽然塔莎穿戴得很简单，但无疑她才是全场最美的公主。于是，王子喜欢上了塔莎，并暗暗决定将来要向塔莎求婚。

安全提示

1. 不要成为欲望的奴隶，那会让你掉进别人的陷阱。

2. 永远不要私自出门赴陌生人的约会，尤其是去偏僻无人的地方。

3. 不要让不信任的异性，尤其是陌生的异性（比如快递员、修理工、抄表工等）走进你的房间。如果有人进了你的房间，为了防止危险发生，请不要关紧房门，并站在出口位置方便逃走。

4. 你的身体很宝贵，不能随便让人碰触，尤其是背心、内裤覆盖的隐私部位。

5. 如果有人要碰触你的身体，尤其是你的隐私部位，一定要严厉拒绝对方，并马上把事情告诉爸爸妈妈。

6. 不要一个人带着巨款出门，外出购物时不应暴露财富。

7. 不要随便上陌生人的车。

03

人鱼姑娘：

清醒是道护身符

「 智慧心语：头脑清醒的女孩，运气总会更好一些。」

女儿：

前些日子，我接到一个电话，来电显示是你表姐形形的号码，但说话的却是个陌生人。他在电话那端急切地问道：

"喂，是小姨吗？你是女孩的小姨吗？"

"你是谁？怎么会用形形的手机给我打电话？"我既着急又好奇，心想莫不是形形把手机给弄丢了？

然后我听见对方在电话里说道："这女孩喝醉了，坐在路边上吐得一塌糊涂，我刚好路过，问她什么也说不清楚，我就拿她手机给家人打电话试试，打她母亲手机没有接，我就打给你了……"

我一听，吓了一大跳，连忙向对方道谢，然后问清地址，飞速赶了过去。后来停下车后，隔着老远我就看见你形形姐披头散发地坐在马路边的石头上，她看上去神志已经不怎么清醒了。就这样，我半拖半拉地把她弄上车，带回了咱们家。

这件事，我没有告诉你姨妈，因为她心脏不好，听到消息怕是要着急生气。可是，在形形醒酒后，我狠狠批评了她一顿，责备她：作为女孩你怎么能随便在外面喝醉呢？这是多么危险的一件事啊！幸好你遇见的是好心人，要是遇到坏人，后果不堪设想……

被我责骂后，彤彤也很委屈，她说自己没想要喝醉，只是朋友过生日，大家都喝酒了，她也跟着喝了几杯。刚离开酒吧时还没感觉到怎么样，但没想到喝的酒后劲太大，被风一吹就上头了，她又晕又吐难受了好久，感觉站都站不稳。虽然如此，但我还是批评彤彤太不谨慎了，作为女孩，居然不清楚自己有多大酒量，在毫无准备的情况下随便喝醉，这是对自己负责的表现吗？

孩子，你和彤彤姐从小就感情好，看到彤彤挨训，你特别不忍心，就拉着你爸爸一起为彤彤说情。你怪我对彤彤姐太凶，跟我说："彤彤姐姐也不是故意的，她又没想到那个酒会那么烈，而且大家都喝酒了，她不喝也不好啊，朋友们会不高兴的。再说也没出什么大事呀，妈妈你就不要小题大做啦！"

孩子，妈妈今天写这封信，就是想告诉你：其实，我真的没有小题大做。你要知道，当一个女孩陷入不清醒状态，她要面对的危险比我们想象中要多得多。并不是每一位醉酒的女孩都像彤彤那天那么幸运，遇上关心她、愿意帮她联系家人的好心人。在这个世界上，也有很多心怀歹意的人，潜伏在酒吧、KTV等场所的门口，专门等着醉酒的女孩出现，伺机将她们"捡走"，对她们进行侵害。所以，未成年人是不允许喝酒的，成年后的女孩虽然可以饮酒，但如果没有可靠的家人陪在身边，最好不要让自己喝醉。当然，有时候，当事人可能并未想过要喝醉，只是想跟朋友小酌几杯，谁知道不知不觉就喝多了，或者像你彤彤姐那样不小心喝到了烈性酒，结果就意外醉酒了。鉴于女孩醉酒风险太大，很可能要为之付出不小的代价，所以女孩出门在外最好不要饮酒，如果一定要喝，必须严格控制酒量，并提前通知家人来接自己，以免发生意外。

除了避免醉酒，女孩还应当格外小心外面的饮食，不要随便吃别人给的食物、喝别人给的饮料。这里的"别人"，既包括陌生人，也包括认识的人。这句话我向你强调过许多次，但是仍然觉得有再三重复的必要，因为它发生的场景实在太多太多，比如你乘坐火车出行，在旅途中与邻座相谈甚欢，对方随手递来一块蛋糕；比如有同学、朋友约你出去玩，在你还没赶到时提前为你点好了饮料，你到达时刚好口渴；又比如你去某地旅行，遇上热情的当地人，端出特色美食款待你……很多时候，你可能对我说过的那些安全准则烂熟于心，但在具体的氛围中却不知不觉接过了别人递来的食物和饮料，毫无防备地吃喝起来……所以，请多提醒自己：出门在外，要谨慎一切入口的东西，水杯也要随身携带，防止别人趁你不备放入药品。

除了醉酒、服药昏迷外，头脑发热也会使女孩失去意识，做出愚蠢的选择。所以，为了保证自己的安全，你除了要保持身体上的清醒，还应当保持头脑的清醒，学会理性思考问题，不要让情绪牵着鼻子走，进而做出不理智的决定。妈妈这么说，你可能还有点儿听不懂，不过没关系，听完了今天的故事，相信你会对"清醒"二字有更深刻的理解。

接下来，让我们一起来听一则有关保持清醒的故事吧。

在很久很久以前，海国有位美丽的人鱼公主，她为了获得王子的爱情牺牲了很多。可是，即便人鱼公主将自己变得无比卑微，王子仍然没有爱上她，而是娶了别人，辜负了她。最后，人鱼公主伤心地化成了大海上的泡沫，每天随着海浪翻腾，一遍又一遍地问着为什么。

发生这件事之后，海国的人鱼姑娘们都觉得外面的世界真的是太危险了，人类冷酷又可怕，因此还是藏身海底比较安全。于是，她们开始躲藏起来，再也不肯轻易浮上海面看世界，更不敢随便同人类接触。

转眼间，一百多年过去了，美人鱼们还是小心翼翼地生活在海底。看到这种状况，海神非常担忧，她想道：潜伏在海底生活固然很安宁，可是整个海底世界中只有长着人类面孔的人鱼姑娘们才有机会游出去看世界。假如连她们也拒绝出去，不同外界接触，那就无法带回新知识和新信息，海国就会变得更加闭塞。为了鼓励人鱼姑娘们游出去看世界，海神花了几年时间，发明了一红一蓝两种神奇的药水，只要喝下红色的药水，美人鱼们就能脱掉鱼尾，变出双腿，变得同人类一模一样；而假如她们想回到海里，那就再喝一点儿蓝色的药水，双腿又会变回鱼尾。

调配好药水之后，海神宣布：如果有哪位人鱼姑娘愿意主动走出去看世界，为海国带回一些新鲜的知识，那么自己将赠送给她两瓶魔法药水。听到这个消息，不少人鱼姑娘心动了，可是，她们仍旧对未知的世界充满了担忧和恐惧，因此迟迟不敢行动。

黛西是一条聪明勇敢的美人鱼，她也对人类世界充满了好奇。黛西的祖母是一条很老很老的美人鱼，几百年前，她曾经有幸浮上海面看过世界。因此在黛西很小的时候，祖母曾经给她讲过许多人类世界的趣闻，她还告诉黛西，人类其实很聪明，发明了许许多多有意思的东西；他们也不像传说中那么可怕，大多数人都很善良，只有一小部分人是坏人。因此黛西自小就对人类世界充满了向往，希望有一天游到岸上去闯荡世界。

可是她的姊妹们总是告诫她：千万不要幻想着跟人类交朋友，也别随便去海面上看世界，因为那太危险了！不信你听一听，海面上是不是有泡沫在唱歌，那是一位悲惨的人鱼公主在诉说她的血泪史……

在得知海神鼓励人鱼姑娘们大胆走出去看世界的消息之后，黛西不仅动心了，而且还决定行动起来，做第一位走出海国、拥抱世界的人鱼姑娘。她把自己的想法告诉了祖母，得到了祖母的支持，祖母对她说："孩子，你有勇气走出去发现新事物，这是很难得的，我为你感到骄傲。但在离开海国之前，你必须明白，外面的世界虽然很有趣，却也隐藏了种种危险，要规避这种危险，你必须随时随地保持清醒。"

"保持清醒？您的意思是要我不要睡着吗？"黛西问祖母。

祖母用苍老的手掌摩挲着黛西一头柔顺的金发，耐心地告诉她："祖母在这儿所说的清醒，一方面是指身体上的清醒，另一方面是指头脑上的清醒。我们先来聊一聊身体上的清醒，假如你醉酒了，或者陷入了昏迷，那你的身体就无法保持清醒，此时你根本就不知道会发生什么可怕的事。"

"那么祖母，我该怎样做，才能让身体保持清醒呢？"黛西继续问道。

"噢，这也就是我马上要说的，首先，当你出门在外时，不要饮酒，更不能醉酒，你要明白，作为一个女孩，除非有你最信任的家人在身边，否则醉酒将会使你陷入危险的状态；其次，不要吃陌生人给的食物、喝陌生人给的饮品，出门时要自己携带食物和饮水，并且不能让它们离身，防止别人往里面放入药物，这些药物也许会让你陷入昏迷，无法自救。"

"我明白了祖母，那么，又如何让头脑保持清醒呢？"黛西又问道。

"这就更难一些了，因为谁也免不了有头脑发昏的时候，不过我们要学会慢一点儿做决定，让自己冷静下来。你要记住，天上不会掉馅饼，不要贪图小便宜，因为这个习惯会让你上当。另外，当你对一个人充满好感的时候，就非常容易相信这个人说的话，此时不要急着做决定，给自己一点时间，冷静下来分析问题；假如你被一种情绪支配，或是喜悦，或是愤怒，又或者是同情他人，先别急着去做一件事，要等情绪平复下来，内心变得平静，才有可能做出最好的选择。"祖母用苍老的声音同黛西分享着智慧。

"我都记下了，祖母。我要去找海神领取魔法药水了，祝福我吧！"对于即将到来的旅行，黛西已经迫不及待了。

"祝你好运，我亲爱的孩子！"祖母将一只装满清水的玻璃瓶和一袋食物交给黛西，然后同她挥手告别。

黛西以最快的速度游到了海神的宫殿里，从她的手中接过了两瓶魔法药水。海神对她说："恭喜你孩子，你是一百年来第一条走出去看世界的美人鱼！记住，白天你可以尽情在外面玩耍，也可以交朋友，但请注意保护自己，晚上八点之前，请记得赶回大海——你温暖的家，因为女孩子晚上在外面乱逛是非常危险的。"

黛西答应了。接下来，海神就把药水的用法教给了黛西，然后将她送到了海边，并送给她一身人类穿的新衣。黛西打开一看，那件衣服非常朴素，上面也没有点缀海底随处可见的珍珠和珊瑚，顿时觉得有点失望。海神似乎看出了黛西的失望，对她说："女孩子一个人出门，穿得太招摇并不是一件好事，尤其是把闪烁的珠宝戴在身上，会很容易被不怀好意的人盯上。所以，你应当打扮得简单一点儿。"

接着海神又拿出了一只小袋子交给黛西，告诉她："袋子里装的都是海底最好的珍珠，人类很喜欢珍珠，如果你遇到了困难，可以取出一粒珍珠换些钱用。不过袋子一定要贴身收藏，不然很容易惹祸上身。"

黛西听了，接过袋子，点了点头。然后她游到了海岸边，找了一个无人的地方，迫不及待地喝下了红色的药水。果然，她的鱼尾一点点消失了，变成了人类的双腿。黛西试着走了几步，又看了看自己的双腿，觉得非常新鲜。

"接下来，我就要学着闯荡世界了！"黛西激动地对自己说。说完，她就换上了海神给的衣服，把珍珠藏在最里面的口袋里，然后向远处走去。

祖母没有欺骗黛西，人类世界果然很有趣。在陆地上，黛西看到了许多她从未见过的事物，比如四条腿的马、会说话的鹦鹉，还有各式各样的房子。最开始，黛西每看到一样东西都会惊讶地张大嘴巴，急切地询问周围的人："这是什么？""天啊，它居然会动！""它真的好可爱！""请问这个叫什么名字？"她看一切都新鲜，却不知道街上的人们看到她也觉得非常惊讶，他们想道：这个女孩看上去聪明伶俐，没想到却是个傻子，竟然什么都不知道！于是，他们也懒得搭理她。

幸好，黛西遇见了一群小朋友，她拿出袋子里的海味糖果分给他们吃，然后向他们请教了许多问题。糖果很受小朋友们的欢迎，他们也很乐意当黛西的老师，不仅告诉了她很多事物的名称，还教会了她很多新东西，比如"猫怕狗，可是老鼠怕猫，猫是要吃老鼠的""雨伞是下雨天用的，下雨时遮在头上，你就不会被淋湿了""杯子是用来装水的，碗碟则是用来吃饭的"……

黛西很聪明，没多长时间，她就记牢了很多常用物品的名称，而且学到了许许多多的新知识。这时候，她闻到一阵扑鼻的香味，仔细一看，路边一家店铺里正在售卖一种热气腾腾的东西。

"那是什么？好像很好吃的样子！"黛西忍不住问道。

"那是一间点心铺，里面有各种各样美味的糕点，妈妈经常买给我吃。"一位小朋友回答说。

黛西忍不住深吸一口气，来到了点心铺旁边。她请求老板娘给自己一些点心吃，可是老板娘却说，吃点心是要付钱的。

钱是什么东西？黛西呆住了。她刚想转身问一问旁边的小朋友们，却发现他们都跑回家去吃饭了。

这时候黛西想起了海神送给自己的珍珠，她掏出一枚珍珠问老板娘："我没有钱，用这个换点心可不可以？"

老板娘从未见过那么大的珍珠，她以为黛西是拿着假货在欺骗自己，于是生气地说道：

"不行，只有用钱才能买到点心！你要拿这个换钱，只能去珠宝铺卖掉，我这里不收珍珠！"

黛西只好一路打听着来到了珠宝铺，然后向珠宝铺的老板售卖珍珠。看到黛西手里硕大圆润的珍珠，珠宝铺的胖老板惊呆了，他拿过珍珠，左看右看，断定是真品之后马上说道：

"这样的珍珠真是世间极品，小姑娘，你那里还有吗？有多少我就买多少！"

黛西高兴极了，于是她拿出袋子，倒出了所有的珍珠。看到那么多美丽的珍珠，胖老板的眼睛都看直了，他一边吞咽口水一边说道：

"太不可思议了，真是太不可思议了……"

可是，要买下一整袋价值连城的珍珠，要花费好大一笔钱，珠宝店老板没有那么多的钱，于是他眼珠一转，对黛西说：

"小姑娘，我现在没有那么多钱买你的珍珠，你先在我的店里吃点儿东西，我这就去给你凑钱。"

　　说完，老板就转身走进了厨房，端出一盘漂亮的点心，还有一杯橘黄色的果汁招待黛西。然后谎称出去凑钱，走出了店铺。

　　此时的黛西，肚子早就饿得咕咕叫了，她马上抓起一块点心准备往嘴里塞。这时候她想起了祖母的忠告，忽然意识到：随便吃别人给的东西有可能会让自己变得不清醒。因此她忍住口水，放下了点心，也没有动那杯饮料，而是拿出祖母为自己准备的食品袋和玻璃瓶，喝了一些水，然后吃了一些小鱼干和海裙菜。

　　过了好一会儿，胖老板回来了。看到黛西并没有动那些食物，他非常失望，因为他在点心和果汁里面加了能使人睡觉的药物，一吃下去就会晕倒。他本想等黛西晕倒后独占那些昂贵的珍珠，却没想到黛西根本没上当。于是胖老板恼羞成怒，大声对黛西说："你这个坏女孩，竟然拿不值钱的假珍珠来欺骗我，我是不会上当的！"

　　"不可能，那都是海底最好的珍珠！"黛西听了老板的话，也非常愤怒，同他争辩道。

　　争执了好一会儿，黛西不想再跟老板纠缠下去了，于是拿起自己的珍珠就要走出店铺。可胖老板却冲了上来，一把抢过她的珍珠袋子。

　　"干什么？还给我！"黛西大声喊道，马上去就跟老板抢夺起了珍珠。可她根本不是老板的对手。这时候黛西忽然意识到：自己只是个瘦弱的女孩，而胖老板的块头比她大得多，如果因为争抢珍珠激怒了对方，也许自己会遭遇更大的危险。于是，她马上放弃了珍珠，转过身夺门而逃。

逃走之后，黛西觉得非常难过，她很心疼那些美丽的珍珠，也很惋惜自己没能吃到好吃的点心。这时候，迎面走来了一个人，对黛西说："小姑娘，你没听说吗？附近有一位富人为了给女儿庆祝生日，邀请一百名女孩前去参加晚宴，在宴会上，女孩们不仅能吃到最美味的食物，还可以得到一套漂亮的新衣服和许许多多的新发饰。现在已经去了九十九个女孩，只差一个女孩，晚宴就要开始了，你想去做客吗？"

"那，宴会上有点心吗？"黛西忍不住问道。

"当然啦，厨师不仅精心准备了各色佳肴，还制作了各式各样的糕点，去的人想吃多少就吃多少。"那人回答说。

太好了！第一次上岸旅行居然碰到这样的好事，黛西觉得自己真是太幸运了。可是她不知道举行宴会的地点在哪里，幸好那个"好心人"主动提出带她去。

于是，两个人马上出发了。走着走着，天色渐渐暗了下来，道路也变得越来越偏僻。富人不是应该住在繁华的地方吗？黛西觉得很疑惑。

过了一会儿，"好心人"居然带着黛西来到了空无一人的海边。黛西马上意识到自己上当了，如果不赶快逃走，就会有危险发生。于是没等对方走到她身边，她就掏出蓝色药水喝了一点儿，然后转身跳进了海里。

黛西在海里游啊游，终于游到了海神的住所，海神看到黛西非常开心，对她说："啊，黛西，你很准时，现在刚好是八点钟，我很开心看到你平安归来。"但黛西却有点儿不好意思，因为她早已经忘了跟海神的约定，能在八点前赶回海里，纯粹是因为一个意外。

看到黛西不作声，海神对她说："我想你在外面一定发生了许多惊险的故事，不过没关系，我相信你会做得越来越好。现在不早了，赶快回去休息吧，明天一早你还要继续闯荡世界呢！"

黛西听了，深深向海神鞠了一个躬，然后游回了家。她暗暗想着：以后一定不再贪图小便宜，相信天上掉馅饼这回事了，还有，明天务必准时回家。

第二天、第三天，黛西继续到陆地上去看世界。因为第一天遭遇过危险，她变得非常小心，因此一切还算顺利。可是第四天，当她变幻出双腿，正在沙滩上行走的时候，却发现空旷的沙滩上有个小女孩正在哭泣。

这么偏僻的地方怎么会有小孩呢？黛西不禁为小女孩担心起来。于是她跑过去，询问小女孩发生了什么事。女孩哭着对她说："呜……我继母虐待我，要我去海里找珊瑚，大海那么深，我下去一定会被淹死的，呜……"

黛西听了，连忙安慰女孩不要哭，她对女孩说："你放心，姐姐一定能找来珊瑚。你在这里乖乖等着，我去给你找，千万别乱跑哦！"

说完，黛西又折回了海里，找了一块最漂亮的珊瑚送给小女孩。看到珊瑚，小女孩终于破涕为笑了，她忽然指向旁边，对黛西说："姐姐你看那是什么！"

黛西刚扭过头，忽然觉得身体被人推了一把，接下来，她就被一张大渔网网住了。然后她看到小女孩在网外面笑得很开心，小女孩得意地说："姐姐你上当了，我爸爸说你是一条美人鱼，人类已经一百多年没见过美人鱼了，如果抓到你，就能卖个大价钱了！"

"你爸爸怎么知道我是美人鱼？"黛西觉得非常奇怪。

"我爸爸说有一次他骗你去海边，结果你变出鱼尾巴跳进海里了，所以他发现了你是美人鱼的秘密。他让我每天在海边等着，如果看到一个漂亮的金发姐姐就骗她去找珊瑚，如果这个姐姐能变出鱼尾巴在海里游泳，就说明她是美人鱼。现在，你掉进了我爸爸设置的渔网陷阱，等我爸爸来了，肯定会奖励我很多很多的糖果。"小女孩开心地说。

听了小女孩的话，黛西觉得浑身发凉：原来小女孩就是上次那个坏人的女儿。那天发现被骗之后，黛西急着逃走，不小心暴露了自己的鱼尾巴，结果被坏人设计，掉进了陷阱。

"我得想办法救自己。"黛西心里想道。于是她对小女孩说：

"哎呀，真可惜，这次你是拿不到糖果了。"

"为什么呀？"听见黛西这么说，小女孩有点儿着急。

"姐姐的确是美人鱼，可是姐姐刚才着急帮你找珊瑚，不小心把鱼尾巴掉在海里了。现在的我，跟普通女孩没有什么区别。不信你看看我的腿。你爸爸如果发现了这一点，一定会骂你的，更别提给你买糖果了。"黛西哄骗小女孩说。

"那……那可怎么办呀？"听了黛西的话，小女孩快急哭了。

"你不要急，如果你帮我把渔网打开，我就下海把鱼尾捞回来，然后变回美人鱼。我还会帮你捞许多珍珠和珊瑚回来，你爸爸看了一定特别开心，买很多很多糖果奖励你。而且大海里有一种特别好吃的海味糖，我还可以帮你带一些上岸。"

"真的吗？那好吧！"小女孩到底年纪小，一下子便上了黛西的当，帮她打开了渔网陷阱的机关。

黛西获得了自由，她马上跳进了海里，喝下药水变回鱼尾，游到远处去了。

抵达大海中央之后，黛西才停下来，深深吸了一口气，然后对自己说："看来祖母说得对，我必须时刻保持清醒、保持警惕。"

后来，黛西没有再选择原来的海滩上岸，而是游到了另一片海滩边，确定安全后才上了岸。

虽然陆地上经常有危险发生，但是凭借着自己的机警和智慧，以及祖母所教授的"清醒"法则，黛西度过了一个又一个难忘的日子。她每天清晨出发去看世界，夜晚八点准时回到大海的怀抱里，为海族们带回新知识和新信息，海国也因此充满了活力。

有一天，黛西照常浮到海面，准备找地方上岸，忽然听到了急切的呼救声。原来，一艘轮船撞到了暗礁沉没了，满船的人都遇难了，只剩下一个会水性的男孩在挣扎呼救，但他也即将被海浪吞没。

于是，黛西救了男孩，并把他送到了海岸上。

因为体力消耗太大，男孩一上岸就晕倒了，黛西趁机褪去了鱼尾，变出了双腿，换好衣服等待着男孩醒来。

黛西仔细打量着男孩，发现他的面孔非常英俊，不禁对他产生了好感。这时候，男孩醒来了，他看到美丽的黛西之后非常开心，问她："美丽的女孩，是你救了我吗？"

黛西点点头，笑了。

于是，男孩邀请黛西去自己家中做客，黛西答应了，但她心里想的是：我得机灵些，如果发现不对劲好第一时间逃走。

直到来到了男孩的家门外，黛西才发现，那是一座王宫。原来，男孩就是这个国家的王子，他刚好带着随从在海上游玩，没想到遭遇了沉船事故，幸好黛西救了他。

走进王宫后，国王和王后听说是美丽的黛西救了王子，便热情地款待了她，他们命令仆人端出了美酒佳肴邀请黛西品尝，乐师们也开始演奏音乐，整个王宫里热闹极了。在热闹的氛围中，黛西有点儿沉醉，但她提醒自己随时保持头脑清醒，以便做出最正确的决定。

那天黛西没有饮酒，虽然那些果子酒闻上去芳香扑鼻，但黛西只吃了一点儿东西，喝了一些清水。用餐结束后，王子邀请黛西一起跳舞，黛西欣然同意了，于是，两人踏着节奏跳起了舞，整个气氛欢快极了。

不知不觉就到了晚上，黛西看了看墙壁上的钟表，已经七点钟了，于是她对王子说："谢谢你的招待，今天我非常开心，不过我得告辞了，我答应过家人要在晚上八点之前赶回家，而我家住得比较远，必须提前告辞。"

王子苦苦挽留黛西，但黛西是个有原则的女孩，仍然坚持告辞了。不过她答应王子，以后有机会一定会再来拜访他。就这样，黛西准时回到了海底。

后来，王子和黛西成了好朋友，他们一起跳舞、一起玩耍，共同度过了许多美好的时光。

后来，王子向黛西求婚，希望她能嫁给自己。黛西这才告诉了他自己的秘密，但王子却说："我早就知道你是美人鱼，因为在我坠海的时候，我清晰地看到是一位人身鱼尾的金发姑娘救了我，可是上岸后我昏迷了，醒来后却看到你长出了双腿。因为你一直没有说破这个秘密，所以我也假装不知道。你放心，我会一直为你保守秘密。"

黛西听了，非常感动，她也很喜欢王子，便答应嫁给他。就这样，她成了最幸福的新娘。

虽然嫁给了王子，但黛西并未永远告别深海，她每年都会以回家乡探望父母为借口，回海底住一段时间，给海底的生灵们讲述外界的见闻。而当她的海底假期结束，她的爱人也总会早早地等在海边，把她接回王宫。现在，大海里的人鱼姑娘们都很羡慕黛西，认为她是全天下最幸运的美人鱼。而黛西则说，一个女孩如果能想办法保持清醒，那么幸运一定会降临在她的身上。

安全提示

1.不要因为害怕受伤就封闭自己，那会使你损失看世界的机会。

2.出门在外不要饮酒，更不能醉酒，作为女孩，除非有你最信任的家人在身边，否则醉酒将会使你陷入危险的境地。

3.不要吃陌生人给的食物、喝陌生人给的饮品，出门时要自己携带食物饮水，并且不能让它们离身，防止别人往里面放入药物。

4.不贪图小便宜，也别相信天上会掉馅饼。

5.当你对一个人充满好感的时候，不要全盘相信对方的言语，要尽量冷静下来，理性分析问题；假如你被一种情绪支配，或是喜悦，或是愤怒，或是怜悯，不要急着做决定，要等情绪平复下来再做抉择。

6.出门在外不要打扮得过于华丽，也不要佩戴耀眼的珠宝。昂贵财物随身携带，不要暴露于人。

7.遇上有人抢劫，可以先舍弃财物，以保证自己的人身安全。

8.晚上按时回家，如果有事耽搁了，一定提前跟家人沟通，让家人知道你的行踪。

9.不要跟着陌生人走。

10.遇到危险不要慌，冷静与坏人周旋，也许能为自己争取到一线生机。

贝儿历险记：

警惕权威人士

「 智慧心语：真正的权威人士，一定拥有高贵而
纯洁的灵魂。」

女儿：

　　我记得那时候你刚开始上幼儿园。有一天放学回家，你忽然告诉我："妈妈，我要当个好孩子！"我听了很开心，问你："宝贝，好孩子是什么样的呀？"

　　你用甜甜的声音回答我说："老师说，好孩子都很乖很乖，要听老师的话、听爸爸妈妈的话。"

　　而我是这样告诉你的："宝贝，如果这就是你对好孩子的定义，那么妈妈不希望你做一个好孩子。在妈妈看来，真正的好孩子应当首先学会保护自己，让自己平平安安；其次应当学会独立思考、辨别是非，该听话的时候就听话，不该听话的时候绝对不能听老师的话！"

　　那时候你还小，听不懂我说的话，只是似懂非懂地点点头，嘴里还不甘心地念叨着："可是不听话就不能得小红花了呀，老师说听话的孩子才能得到最多的小红花……"我只好向你保证，会给你买很多很多的小红花，并提醒你，如果老师给你打针、吃药，或者随便碰触你的隐私部位，对你做一些让你不舒服的事，回家后一定要及时告诉爸爸妈妈，平时也要多跟爸爸妈妈聊一聊幼儿园里发生的事。

孩子，现在你已经长大了许多，能理解的事情也越来越多。所以今天我想好好跟你聊一聊"听话"这件事。

老师教授给我们知识，指引我们成长，他们是很值得尊敬的。而老师们说的话，绝大部分是为我们着想，希望我们变得更好。因此在一般情况下，老师的话是要听的，我们应当按照老师所说的去做。然而，并不是所有的老师都是好人，如果在教师队伍里有品行不端、道德败坏者，此时"听老师的话"就会变成伤害你的武器，一味听话只会让坏人得逞，令自己受伤。因此，尊重老师并不意味着绝对服从，"听老师的话"是要讲条件的，如果老师说得对，有利于你的成长，那就一定要听；但假如老师提出了不合理的要求，尤其当这些要求会伤害到你的人身安全的时候，必须果断拒绝，学会对抗权威、保护自己。

以上原则，不单单适用于老师，还适用于校长、各级长官等所有的权威人士。因为身份特殊，"权威人士"很容易引起人们的敬畏，大家习惯于对他们的话无条件服从，可是，这并不意味着他们所说的就一定是对的。打个比方，假如一位校长要带你外出住宿，或者一位身居高位的人想碰触你的隐私部位，这都是绝对不行的，这些要求会威胁到你的人身安全，你必须果断拒绝，并及时逃离现场。这个时候不管对方的位置有多高、说话多有分量，你都绝对不能听他们的话。有的时候，这些"权威人士"也许会威胁你、恐吓你，但是不要害怕，也不要为对方保守秘密，应当及时把事情告诉爸爸妈妈，爸爸妈妈会第一时间冲出来护你周全。

此外，还应当小心"假警察"。小朋友们都知道警察叔叔是好人，是帮助我们、保护我们的，有了问题可以找警察。可是，很多坏人正是利用了孩子们对警察的这种信任，穿上假警服扮成警察，然后拐骗和伤害小孩。因此假如你在路上遇见了穿警服或者保安服的人，对方要带你走，千万不要不管不顾就跟着对方走，必须第一时间拨打110核实对方身份，否则很容易上当受骗。

总之，对你来说，自己的人身安全才是最重要的，必须时时刻刻把自己的安危放在第一位。在这儿悄悄说一句：妈妈不希望你做个太听话的孩子，因为有时候，过分听话会使你丧失创造力，因此妈妈希望你拥有自己独立的思想，善思考、能创新，而不是无条件地去服从他人，只有这样，你才能成长为最棒的自己。

好了，接下来让我们一起来听一则有关"听话"的故事吧。

女孩贝儿的父亲是一名忠诚的骑士，也是国王最信任的人。他长年跟随国王在外作战，立下无数战功，因此国王非常尊重他，不仅赏赐给他许多金银财宝，还允许他将女儿贝儿带到王宫里玩耍。

在王宫里，贝儿认识了小王子安德鲁，并和他成为好朋友。两位好朋友一起读书、骑马，玩得非常开心，他们还约定要当一辈子的好朋友。可不幸的是，有一天安德鲁忽然失踪了，国王令人找遍了整个国家都没有发现他的踪迹。于是国王找来了巫师询问原因，巫师告诉国王，小王子一个人偷偷溜出去玩耍，不小心走进了森林深处，被一只猛虎吃掉了。

听到这个消息，国王和王后痛不欲生，举国哀痛，大家全都对巫师的话深信不疑。只有贝儿并不相信巫师所说的话，因为她知道，安德鲁怕蛇，而森林里有许多小蛇，所以他绝不会一个人偷偷跑到森林里玩耍。因此多年以来，贝儿一直在暗中寻找小王子，并坚信他总有一天会回到王宫。

时光飞逝，贝儿到了上学的年龄。国王特许贝儿的父亲将她送到王室学校读书。通常来说，王室学校只接收国王和公爵的子女入学，骑士的孩子是无法进入这所顶级学校的，因此贝儿的父亲将国王的特许视为无上的荣耀。他知道，王室学校的校长和老师们都德高望重，贝儿在那里会受到最好的教育，因此他语重心长地对女儿说："亲爱的孩子，进入王室学校读书的机会来之不易，你一定要珍惜机会好好学习。在学校里，你一定要听校长和老师的话，认真按照他们说的去做，做个乖巧懂事的好学生。你明白吗？"

"嗯，如果校长和老师说得不对，我也要听他们的话吗？"
贝儿问父亲。

"傻孩子，校长和老师怎么会说得不对，不管他们说什么，
要你做什么，那都是为了你好，不要怀疑，按他们说的去做。
知道吗？"父亲嗔怪地说。

"知道了，爸爸。"贝儿用清脆的声音回答道。

就这样，贝儿成了王室学校的一员。因为深知入学的机会
来之不易，她读书的时候十分用功，每次考试都是年级第一名。
因为她性格开朗、乐于助人，老师和同学们也都很喜欢贝儿，
对她非常友好。贝儿在学校里生活得十分快乐。

可是，贝儿并没有因此而忘记她的好朋友——小王子安德
鲁。贝儿一直在暗地里寻找安德鲁，却一无所获。于是她想：
既然在国内找不到安德鲁，那么也许他去了别的国家，我要好
好读书，多学一些知识，将来长大了，就可以游历世界，到各
地寻找安德鲁了。这样想着，她读起书来更起劲了。

物理老师埃克是个心术不正的家伙，他经常觊觎学校里那
些美丽的女孩，可这是皇家学校，每一位学生都出身不凡，他
们的父亲都不是等闲之人，因此埃克不敢轻易招惹这些女孩。
而自打贝儿入学的第一天，埃克就盯上了她。他知道，贝儿的
父亲只是一名身份低微的骑士，就算女儿受了欺负，他也不见得

有胆子大闹皇家学校，因此埃克一直在找机会接近美丽的贝儿。

可是，贝儿在学校的时候总是和其他女孩待在一起。放学的时候，其他女孩的家里都会派马车来接她们，贝儿只能步行回家。不过因为她性格好、成绩棒，那些出身皇家和贵族的女孩都很乐意邀请她乘坐自家的马车，顺路捎她一程，因此埃克很难找到跟贝儿独自相处的机会。但他不死心，苦苦想着办法，终于想出了一个坏点子。

有一次物理考试，贝儿信心满满地完成了答卷，可是当成绩揭晓的时候她傻眼了：她竟然不及格！贝儿很着急，拿着试卷认真核对，却发现自己的答案并没有出错，但奇怪的是，试卷上却打着一个个鲜红的叉。贝儿很疑惑，连忙去找埃克询问原因。埃克慈爱地说："我的孩子，你不要着急，放学的时候你来我的办公室，我们一起来核对一下你的试卷。如果是我看错了，我自然会帮你更改成绩。"贝儿连忙答应了。

那天放学后，贝儿如约来到埃克的办公室，却发现办公室里空空荡荡，只有埃克老师一个人。埃克看到贝儿十分开心，示意她坐在自己的身边，然后两人开始核对试卷。就在这时候，门口忽然出现了一只野兽，它不断发出愤怒的嘶吼声，埃克吓坏了，马上抛下贝尔夺门而逃。这时候，贝儿发现野兽停止了嘶吼，深深地看了她一眼，然后转身离开了。

第二天，埃克又邀请贝儿去自己家中核对试卷。贝儿从未去过老师家里，也觉得老师提的要求很奇怪，但她急于更改成绩，因此还是答应了。可是，当她放学后赶往老师家的时候，野兽又出现在了她的必经之路上。贝儿往左走，野兽就往左走，贝儿往右走，野兽就往右走，总之有野兽挡在前面，贝儿无法前行。这让贝儿既无奈又生气，但她看得出，野兽并不想伤害自己。无奈之下，贝儿转身回家了。

因为贝儿的失约，埃克非常生气。第三天在学校，他又一次"勒令"贝儿在当天晚上八点准时去他家核对试卷，否则就不再给她改成绩的机会。贝儿很担心野兽再次阻挡自己，因此她换了一条路去老师家。可是没想到，当她来到老师的家门口时，野兽已经静静等在了那里。贝儿无计可施，又一次转身回家了。

因为贝儿再次爽约，埃克大发雷霆。从此以后，每次物理考试，他都会把贝儿的卷子判为零分。贝儿觉得很委屈，她决定为自己讨回公道。经过考虑，她决定去向校长告状。

校长是位白胡子的老先生，看上去年高有德，内心却和埃克一样肮脏。他对贝儿说："为了证明你说的都是真的，明天我会对你进行一场物理测试，如果你能拿到满分，那就说明埃克老师对你是不公正的。那么我会惩罚他，帮你更改成绩单。"

贝儿听后非常开心，她并不害怕参加任何考试，因为所有的题目都难不倒她。可让她迟疑的是，进行测试的地点是校长的家中。贝儿很担心野兽会再一次出现并阻拦她。于是，贝儿偷偷穿上父亲的外套，又找来一块大围巾把自己的脸包裹了起来，以便野兽无法认出她。果然，这一次野兽没有再出现，贝儿顺利来到校长家中。

可是，贝儿进门后，校长并没有对她进行什么测试，而是对她动手动脚起来。贝儿很生气，大声质问校长为什么要这样做。校长笑眯眯地说："你不过是个骑士的女儿，而我却当过国王的老师。就算你把事情说出去，你父亲也不能拿我怎么样。但是如果你肯乖乖听我的话，我会让你拿到更多荣誉，并送你去世界上最好的大学读书。"

贝儿没有被校长的条件所打动，她大声呵斥了校长，然后大声呼救。但校长并不害怕，他得意地说："你喊得再大声，也不会有人听见，因为方圆几十里只有我这一栋别墅。所以，没有人会听见你呼救。"

贝儿听后，不禁懊恼自己太听话，居然对这可恶的校长毫无防范之心。虽然知道自己的喊声不会有人听见，但贝儿还是用尽了全身的力气去喊救命。而就在这时候，那只野兽破门而入，狠狠撕咬了校长，救走了贝儿。

后来，野兽把吓昏的贝儿送回家中。贝儿醒来后，要做的第一件事就是去国王那里揭露校长的恶行。可是，刚好邻国挑起了战争，国王带着贝儿的父亲和其他骑士作战去了。于是，贝儿来到了一位有威望的老公爵那里，向他揭露了校长的罪恶行径。

老公爵见贝儿很美丽，就想娶她为妻。可是他已经七十多岁了，太太也去世好几年了，而贝儿只有十四岁，根本不可能嫁给他。于是老公爵威胁贝儿说："在这个国度，除了国王，我就是最有权威的人。如果你答应嫁给我，那么我会为你主持公道，把校长抓进监狱，还会让你的父亲坐上更高的位置，让你享受荣华富贵；可是如果你不答应，我会杀死你的父亲，然后让校长开除你，让你的家族因此而蒙羞。"

这一次，贝儿没有轻易地服从权威，也没有被老公爵的威胁吓倒。她心想：埃克老师和校长都内心肮脏歹毒，这个老公爵也不是什么好东西，如果自己跟他们硬碰硬，恐怕是要吃苦头的，不如先稳住他的情绪，再伺机逃跑。于是，贝儿假装答应了老公爵的求婚，然后找了个机会迅速逃走了。

发现贝儿逃走后，老公爵命令仆人们去追回她。于是，一群骑马的仆人对贝儿紧追不舍，眼看着就要抓住她了。还好此时，野兽再一次出现了。它嘶吼着吓走了那些追兵，再次救下了贝儿。

又一次获救后，贝儿对野兽充满了感激。她真诚地对野兽说："谢谢你，野兽先生。你虽然不是人类，但是内心善良，一次又一次帮助我；不像有些人，虽然身居高位，长成人的模样，内心却无比邪恶，连野兽都不如。"

这时候，野兽开口说话了。他说："贝儿，你长大了，要学会保护自己，不能无条件地服从权威，也不能不分黑白听从老师和校长的话。"

"你怎么知道我叫贝儿？"贝儿听到野兽喊出了自己的名字，感到非常惊奇。

野兽没有回答贝儿的问题，而是对她说："为了救你，我一再出现在人们面前。我想，这一带有野兽出没的消息很快就会传遍全国，国王归来后也会组织骑士们抓捕我。到时候也许我会被杀死。如果真有那个时候，也许我们就不能再相见了。所以请你一定要好好保护自己。"

"不，不要这么悲观，我想，也许我们可以想想办法。告诉我，怎样才能救你？"贝儿对野兽说。

野兽想了想，告诉贝儿："巫师调制了一种粉色的药水，如果能喝下药水，我就能得救。但巫师总是随身携带那只药瓶，就连睡觉也不离身，所以你根本不可能拿到，而且，我也不希望你去冒险。"

这时候，贝儿忽然想起几年前自己为了寻找小王子安德鲁的行踪，曾经跟踪过巫师一段时间，发现他每天黄昏时刻都会去王宫后面的酒馆里喝一杯威士忌。于是，贝儿告别了野兽，化装成酒馆的卖酒女，悄悄在巫师点的威士忌中加入了令人瞌睡的药粉。

这天黄昏，巫师来到了酒馆，照例点了一杯威士忌。贝儿为他端上那杯药酒。巫师饮下后，果然沉睡了过去。贝儿趁机在他身上翻找，终于找到一只小小的药瓶，打开来一看，里面果然装着粉色的药水。

贝儿连忙把那瓶药水送给了怪兽，怪兽饮下后，忽然昏倒在地。过了一会儿，怪兽不见了，地下躺着的，是一个英俊的男孩。贝儿仔细一看，正是她日夜寻找的小王子安德鲁。原来，当年他被巫师施展了魔法，变成了一只野兽。

安德鲁醒后，两位好朋友紧紧地握住了对方的手，他们彼此讲述了这些年的经历，流下了久别重逢的泪水。后来，贝儿和安德鲁一起回到了王宫。

国王凯旋后看见王子非常惊喜，在得知事情的始末后，他马上命人杀掉了歹毒的巫师，接着把老公爵、校长和埃克老师都抓进了监狱。

经历过这件事之后，贝儿学会了保护自己，也明白了人不可貌相，有些人看着道貌岸然，但内心却黑暗无比。她也不再迷信权威，无条件听从老师和校长所说的话，因为她知道，师长们虽然值得尊重，但他们当中可能也会有坏人，当他们提出危害自己人身安全的要求时，是万万不能听从的。

贝儿长大后，嫁给了安德鲁王子，他们互信互爱，彼此扶持，幸福地走完了一生。

安全提示

1. 任何人都不能随便碰触你的隐私部位，包括校长、老师及其他权威人士。

2. 尊重校长、老师，但这不意味着要听从他们所有的指令，尤其是那些不合理的话语。

3. 不要单独去校长和老师家中做客，放学后也要避免跟他们独处太长时间。

4. 如果校长、老师等对你做出奇怪的举动，请及时告知爸爸妈妈。

5. 不要无条件服从权威，要学会理性思考。如果无法判断权威人士说的话是对是错，可以请爸爸妈妈帮忙分析。

05

阿拉丁神灯：

不要随便离家出走

「 智慧心语：离家出走不能解决问题，有效的沟
通才可以。」

女儿：

前几天，因为和父母发生了矛盾，你的同班同学小赛离家出走了。发生这件事之后，她的父母急坏了，他们找遍了小赛可能去的地方，还报了警，四处张贴寻人启事，并在朋友圈里发布寻人消息。学校的老师、其他同学的家长也帮忙四处找人，并在各个微信群助力转发寻人信息，我和你爸爸也帮忙转发了好几天。就这样折腾了两三天，小赛找到了，原来她独自坐长途车去了乡下外婆家。小赛小时候是跟着外婆生活的，因此一有委屈就想到了外婆，而她的外婆不太会使用手机，又独居乡下，加上小赛没有告诉她自己跟父母闹矛盾的事，只是撒谎说学校放假了回去探望外婆，所以两边消息不通，只留下小赛的父母在这边干着急。

小赛回来后，你轻描淡写地抱怨说："要我说你们大人就是喜欢瞎担心，小赛这么大的人了，能出什么事呀？你们大人这么一闹，人人都知道她离家出走的事，以后会怎么看她？小赛多没面子呀！"妈妈当时就告诉你，离家出走真的不是一件小事，有可能会产生很严重的后果，但你却不以为意。所以今天，妈妈想跟你讨论一下"出走"这个关键词。

出走可能会遭遇什么呢？可能很多选择出走的人没有想过这一点，他们只是一时脑热，或者为了赌气，愤然选择出走。可是，大量的新闻告诉我们，出走之后能平安回家的孩子，只占很少的一部分。其余的要么被拐卖，要么被拘禁，要么遭遇各种伤害，还有的不幸丢掉了生命。真实的新闻数据告诉我们，出走，绝对不是解决问题的有效选项，更不是对自己负责的安全做法。

妈妈记得自己读初中的时候，班里有个女孩成绩特别好，后来隔壁班有个男孩追求她，男孩对她很好，经常给她买早餐、奶茶，还经常送礼物给她，女孩被感动了，两个人悄悄发展成了情侣。后来老师知道了，对两个人进行了批评，要拆散他们。结果，男孩和女孩采取了极端的手段，他们双双离家出走，据说钱都是向要好的同学借的，这些同学，还以为自己慷慨解囊帮助他们是在做好事！后来，两个人去了外地，在一家KTV打了一段时间的工，然后被家长找到了，带了回来。可是，他们已经被学校开除了。于是，男孩开始打工，女孩则在学校附近开了一家小饰品店。两年后，他们分手了，男孩去了外地，女孩也早早嫁人了。前几年妈妈回老家办事，还遇见过那个女孩，她已经是两个孩子的妈妈了，过得很落魄。谈起当年离家出走的事，她懊悔不迭，说那是自己人生中最糟糕的一次选择。妈妈当时也觉得很难过，因为女孩当年的成绩很不错，如果那一年她没有贸然出走，也许会考上不错的高中，然后读大学，甚至读研读博，人生一定会有所不同。

在童话里，丑小鸭离家出走，最后变成了一只白天鹅。可是在现实生活中，如果丑小鸭离家出走，结局很可能是遇见豺狼、狐狸，或者猎狗，不是被吃掉，就是被卖掉，或者被做成烤鸭。所以孩子，请你记住，遇到问题的时候，出走绝对不是解决问题的最佳方法，沟通才是。爸爸妈妈都很愿意倾听你的想法，并且通过平等沟通的方式和你一起来解决问题，所以，请大胆划掉离家出走这个选项，记住家才是你最温暖的港湾。

好了，接下来让我们一起来听一则有关"出走"的故事吧。

在古老的苏丹王国，有一位美丽的公主，她的名字叫茉莉。茉莉公主聪明机智，深得父亲苏丹王的喜爱，但与此同时她也很叛逆，喜欢挑战传统和权威。按照苏丹王国的传统，茉莉在十六岁生日到来之前就要结婚，因此在她刚过完十五岁生日，苏丹王就开始忙着为她寻找合适的结婚对象了。茉莉公主不想那么早就嫁人，更不想嫁给父亲为她挑选的那些王室子弟，因此在一个漆黑的夜晚，她悄悄收拾好行李，逃离了王宫。

离开王宫之后，茉莉公主漫无目的地在大街上游逛。

"哦，外面的空气真自由，看起来离开王宫是个正确的选择！"茉莉开心地说道。

可是没过多久，茉莉就不再为自己做出离家出走的决定而得意了。因为大街上一片漆黑，茉莉又冷又饿，根本不知道自己接下来要去哪里。她沿着无人的大街慢慢前行，心里盘算着怎样找个地方住宿一晚。

一个醉汉正坐在角落里独自饮酒，忽然间他发现了美丽的茉莉，便蹿出去拉拽茉莉。茉莉被突然出现的醉汉吓了一跳，紧接着开始尖叫。但醉汉并没有被她的尖叫吓到，反而更加用力地拉扯她的胳膊。茉莉很生气，她用尽力气狠狠地踹了醉汉一脚，把他踹得哇哇直叫。趁着这个时机，茉莉一阵风似的跑掉了。跑了很远很远，在确认完全摆脱醉汉之后，茉莉才停了下来，大口大口地开始喘气。

"幸亏我曾经是长跑冠军，要不然被那个家伙抓到可就糟糕了！"茉莉感叹道。

可是这时候，茉莉又发现了一件悲哀的事：她的行李在同醉汉拉拽撕扯的时候不小心弄丢了。在决定离家出走之前，茉莉做了充分的准备，她不仅收拾了衣物，还带上了黄金、白银和珠宝，有了这些财宝，她就能够在王宫外面生活得很舒适。可是她却没想到外面竟然这么不安全，自己一出门就弄丢了所有的财物，变得身无分文。

茉莉很想回头去找回自己弄丢的行李，可是她怕再次被醉汉纠缠，而且过了这么久，想必行李早就被别人捡走了。因此纠结了一会儿，她打消了回去寻找行李的念头，垂头丧气地继续前行。

没有了钱财，就不能住旅店，也不能去餐馆吃饭。茉莉的肚子饿得咕咕直叫，眼皮也开始打架。她穿着单薄的裙子走在寒风里，开始后悔自己离家出走的决定。

走着走着，茉莉遇见了一位慈眉善目的老妈妈。老妈妈对茉莉说："我可怜的孩子，天气这么冷，你怎么穿得这么少？快来我这里来，我带你回家，喝上一碗热汤，然后为你铺上柔软的床铺，让你舒舒服服睡一觉。"

此时的茉莉，最需要的就是睡眠和食物，而且老妈妈看上去面容慈祥，完全不像坏人。茉莉心想：看来我运气不坏，就算没有钱也没什么关系。于是，她拉住老妈妈伸出来的手，跟着去了老妈妈家中。

到家之后，老妈妈为茉莉煮了一碗奶油土豆浓汤。茉莉大口大口地把汤喝了下去，然后她就困得睁不开眼睛了。于是老妈妈将她带进了客房，她躺在床上，马上睡了过去。

当茉莉醒来的时候，发现自己房间的门被锁得紧紧的，她被困在房间里无法脱身。茉莉害怕得大喊救命，喊声吸引来了招待她的那位老妈妈。但老妈妈早已经不再是慈眉善目的模样，而是面露凶光，恶狠狠地隔着门缝对茉莉说："你如果识趣，就乖乖在房间里待着。如果再敢大喊大叫，小心我把你的舌头割掉！"

茉莉吓得不敢再出声。她坐在床上，懊恼极了。这时候她想起父亲曾经告诉过自己：女孩一定要学会保护自己，不能随便跟着陌生人去家中做客，更不能吃陌生人给的食物。想起这些，茉莉非常后悔，忍不住哭泣了起来。

茉莉被囚禁在房间里，整整待了两个星期。这期间只有一位衣衫褴褛的老女仆每天为茉莉送饭。她总是将食物从门缝里塞进来，从来不会打开门锁，茉莉根本找不到机会逃跑。

每次老女仆来送饭，茉莉都会抓紧时间向她求救，告诉她："我是这个国家的公主，我的父亲是苏丹王，请你放了我，我一定会让父亲重赏你。"可是老女仆根本不相信茉莉所说的话，更不敢随便打开门放走她。

后来，茉莉放弃了劝说老女仆，而是开始同她聊天。她问女仆："这儿是哪里？他们为什么把我关在这里？又会把我怎么样？"

老女仆告诉她："这是露莎阿嬷的家，露莎阿嬷是做拐卖少女生意的，她每年拐卖的女孩多达上百人，有的女孩被卖给别人当奴隶，有的则被卖给别人当小老婆，她们的结局都很悲惨。姑娘，你长得很美丽，露莎阿嬷一定会将你卖个大价钱。"

茉莉听了，心里打了个冷战。她灵机一动，连忙把自己脖子上的项链摘下来，从门缝里塞出去递给老女仆，并对她说：

"老妈妈，这条项链送给你。它是宝石做的，可以卖不少钱呢！我是富人家的女儿，我的父母有很多钱，如果你能救我出去，我会让父亲给你两袋子黄金、一袋钻石，到时候你有了钱，就不用再当女仆了。"

老女仆高兴地接过了项链，然后找来钥匙，悄悄为茉莉打开了门锁，跟她一起趁着夜色逃走了。为了避免被露莎阿嬷的人追上，老女仆便带着茉莉回到了自己乡下的家中，先躲避一下风头再说。

在老女仆家中，茉莉见到了老女仆的儿子阿拉丁。阿拉丁是个年轻人，长得很英俊，但却游手好闲。他年纪轻轻却不出去工作，为了养活他，他的母亲不得不去露莎阿嬷那里做女仆赚钱。阿拉丁看到美丽的茉莉公主后，马上爱上了她，发誓要娶她为妻。于是，阿拉丁跪在地上央求母亲不要把茉莉送回家，而是将她留下给自己做妻子，老女仆答应了儿子。

看到这幅情景，茉莉忍不住皱紧了眉头。她心想：我得先想办法稳住阿拉丁，设法拖延婚礼的时间。

于是，茉莉对阿拉丁说："我是一位公主，不能随便嫁给一个一无所有的人。你想要娶我，必须先拥有一座城堡和很多很多的金银珠宝，这样我才能嫁给你。"

阿拉丁听了，便告别了母亲和茉莉，跑出去寻找金银珠宝。他的运气不差，出门后不久就碰见了一位巫师。巫师哄骗阿拉丁来到一座小山前，打开一道石门，让他去山洞里帮自己取一盏油灯。

阿拉丁走进山洞深处，结果不仅发现了油灯，还发现了满地的金银珠宝。他大喜过望，心想：如果我把这些金银珠宝都运出去，也许能买得起一座城堡，然后我把剩余的珍宝都送给茉莉，这样她就会答应嫁给我了。

于是，当巫师在洞口呼唤阿拉丁的时候，他故意假装听不到没有作答。巫师等得不耐烦，但又不敢贸然走进黑暗的山洞寻找阿拉丁，于是他生气地将石门关闭了，想把阿拉丁留在山洞里憋死。

阿拉丁将所有的金银珠宝都运到洞口时，才发现石门被关闭了。他既沮丧又害怕，紧张得不停地搓手，就在这个时候，他无意中擦亮了那盏破旧的油灯，油灯里忽然冒出一位巨人，巨人对阿拉丁说："我是无所不能的灯神，谁擦亮了我，我就替谁做事。我的主人，你需要我做些什么？"

阿拉丁不敢相信眼前所发生的一切，连忙说："请把我和所有的金银财宝一起送回家中。"

就这样，茉莉还没来得及找机会逃走，阿拉丁就带着金银珠宝返回了家中。他还悄悄召唤出灯神，让他为自己变出了一座城堡，然后把茉莉请到城堡中向她求婚。

茉莉不知道阿拉丁用什么办法变出了城堡和金银珠宝，但她并不喜欢阿拉丁，也不想嫁给他，因此她只好继续想办法拖延婚礼的时间。她对阿拉丁说："举行婚礼需要双方的父母到场，你需要送信给我的父亲苏丹王，让他先接我回家，然后再骑着快马去迎娶我，到时候我会带着丰厚的嫁妆嫁给你。"

阿拉丁相信了茉莉的话，马上派人去给苏丹王送信。在阿拉丁的再三要求下，茉莉住进了城堡，但她也跟阿拉丁约定：在举行婚礼之前，他只能住在另外的房间，绝不能走进茉莉的房间半步，也不能随便亲吻和碰触茉莉，否则茉莉宁死也不会嫁给他。阿拉丁同意了。

每天晚上睡觉前，茉莉都会小心地关好门窗，拉好窗帘，生怕阿拉丁会违反二人的约定闯进来。与此同时，她也期待着父亲早点派人来接回自己。可是，她没有等来父亲，却等来了巫师。巫师得知阿拉丁拿到神灯后，心怀嫉恨，决定用诡计骗回神灯。于是，他乔装打扮成卖杂货的老人，趁着阿拉丁外出打猎的时候来到城堡下面叫卖："卖油灯喽，十个金币换一盏油灯。不过如果你有旧油灯，一个子儿也不用花，旧油灯可换新油灯。"

这时候，阿拉丁的母亲，那位贫穷的老女仆也搬到了城堡里居住，节俭的她听到叫卖的声音，心想：买一盏油灯居然要十个金币，这也太贵了！不过，阿拉丁的卧室里刚好有盏旧油灯，我正好可以拿去换一盏新的！

于是，阿拉丁的母亲来到儿子的卧室，取了那盏旧油灯，向巫师换了新灯。巫师拿到神灯后，马上召唤出灯神，把城堡和美丽的茉莉公主一起搬到了一座遥远的海岛上。

接下来，巫师便拿着神灯向茉莉求婚。看到巫师手里的油灯刚好是阿拉丁经常拿着的那盏，茉莉忽然明白了为什么阿拉丁能平白地从一个穷光蛋变成有钱人，巫师又为什么能把城堡搬到海岛。于是，她假意对巫师说："我很高兴不必嫁给阿拉丁那个笨蛋了。现在我饿了，想吃点儿好吃的，但我不会做饭，你有什么好办法弄出饭菜吗？"

巫师听了，非常开心，他马上掏出神灯，呼唤出灯神，让他为自己准备一桌丰盛的饭菜。茉莉暗中留意着，悄悄学会了神灯的用法，然后和巫师一起用餐。

吃饭的时候，她不停为巫师倒酒，终于把他灌醉了。巫师醉倒之后，茉莉找出神灯，召唤出了巨人。

巨人对茉莉说："我是无所不能的灯神。谁擦亮了我，谁就是我的主人。请问我能为您做什么？"

茉莉说："请把我送回父亲的身边，并把巫师丢进海里。"

灯神照做了。

不一会儿，茉莉就回到了父亲苏丹王的身边，父亲看到她又惊又喜，得知她是为了逃避结婚而离家出走之后，苏丹王语重心长地对茉莉说："我亲爱的孩子，如果你不想结婚，可以好好跟我聊一聊，把你的想法告诉我。虽然按照风俗你应当尽快嫁人，但是我也会尊重你的意见，因为你是我最珍爱的女儿。可是你却选择了离家出走，你走后，你母亲日夜哭泣，眼睛都快哭瞎了，我也非常担心，生怕你在外面遭遇危险。孩子，以后请你记住，离家出走不能解决问题，沟通才可以。"

"我记住了！"茉莉点点头，郑重地说道。

后来，父亲果然没有再逼茉莉结婚，而是尊重她自己的选择。几年后，茉莉遇见了一位志趣相投的王子，两人相爱并结了婚，过上了幸福的生活。而自从消灭巫师之后，茉莉没有再使用过神灯，而是将其小心翼翼地珍藏起来。因为她知道，神灯虽然能带来财富和快乐，但是也会招致贪婪和罪恶，与其频繁使用它引发人们的贪婪，不如将其珍藏起来，去用心品味生活中的苦与乐。

安全提示

1. 夜晚尽量不要一个人外出，走夜路时尽量选择人多的大路，不要走偏僻无人的小路。

2. 被醉汉纠缠时要迅速逃跑。

3. 人身安全比财物更重要，不要为了争夺财物而冒险。

4. 不要相信路上偶然遇到的陌生人，更不能跟着陌生人回家，或吃他们给的东西。

5. 遭遇危险时，要避免激怒对方，可以先想办法稳住对方的情绪，再找机会逃脱。

6. 遇事不着急，从容想办法。

7. 和家人发生矛盾时，不要采取离家出走等极端手段，可以采用写信等方式同家人沟通。

06

中国灰姑娘：

在外住宿安全指南

「智慧心语：你的善良，必须带点儿锋芒。」

女儿：

　　昨天你放学回家后带回好消息：在前段时间的创意编程大赛初赛中，你所在的团队拿到了不错的成绩，不久后你将和队友们一起赴外地参加决赛。作为团队里的唯一一名女生，你觉得非常自豪，我们也为你感到骄傲。

　　你之前去外地参加比赛或者活动，都是有我们陪伴的，但这一次你提出要一个人去。你自信满满地说："妈妈，虽然团队里就我一个女生，但带队老师中有女老师，可以顺便照顾我，而且我学了这么多自我保护的知识，总要有机会锻炼一下，你要相信我，我肯定能保护好自己的！"

　　孩子，妈妈知道，作为家长，我总要学会放手，你就像小鸟一样，总有一天要学会独自飞翔。所以对于你的请求，妈妈于情于理都是无法驳回的。只是妈妈想提醒你：女孩子外出旅行、住宿的时候，可能会有许多意外状况发生，因此必须做好防护准备，提高警惕，认真对待这次出行，谨防意外发生。

　　唐代诗人杜荀鹤有一首诗是这样写的：

泾溪石险人兢慎，终岁不闻倾覆人。

却是平流无石处，时时闻说有沉沦。

这首诗的意思是：在溪中石险浪急的地方人们会格外小心，因此很少会听说有淹死人的消息，反倒是那些水流平缓，没有乱石的地方，却经常听说里面有人落水。正如诗中所说的：看似没有危险的地方往往隐藏着最大的危险，而人们在心情放松的时候便格外容易出现疏忽，此时发生危险的概率更大一些。因此出门在外，你要时时保持警惕，跟着大部队行动，入住宾馆酒店时也要格外小心，晚上睡觉记得锁好门窗、拉好窗帘，有陌生人敲门不可随便开门，也尽量不要和异性在房间里单独相处。

此外，出门在外，还有可能会发生许多意外状况，这些状况也许是突发的，令我们手足无措。此时着急哭泣是没有任何用处的，你必须让自己冷静下来，积极寻找解决问题的方法，如果一个人无法解决问题，记得及时向他人求助。妈妈相信，只要你足够冷静，不管遇到什么问题，你都一定能找到解决的方法。

孩子，人的感觉是会出错的，因此出门在外，不要太相信自己的感觉，要学会坚守原则，冷静分析问题。外出的时候，也许你会认识新朋友，但无论你对他们多有好感，也不能随便吃他们递过来的东西、单独跟着他们游玩；哪怕是你熟悉的人，也要有所防范，假如有男老师或者队友邀请你去他们的房间，不要随便答应，尤其是晚上的时候，更应该做好防范措施，认真锁好门，不要随便串房间。

孩子，全天下妈妈担心孩子的心都是一样的，我总有许许多多需要叮嘱你的话，但又千言万语都说不尽。不如，就让我们一起来听一个故事吧，来看一看，外出的时候还应当注意哪些点。

在中国的古代，有一名姓吴的洞主，他娶了两位妻子，其中有一位妻子很早就去世了，只留下一个女儿名叫叶限。叶限不仅长得美丽，而且温柔能干，有一手淘金的好本领。因此父亲非常宠爱她。可不幸的是，被父亲庇护疼爱的日子，叶限只过了几年，后来就连她的父亲也因病去世了。从此以后，叶限跟着后妈生活，后妈自己也生了一个女儿，她对亲女儿百般爱护，对叶限却非常苛刻，经常以折磨虐待这位孤女为乐。

后妈虐待叶限的手段非常多，比如，她会在寒冷的天气逼叶限穿着单衣去高山上砍柴，或者命令她徒步走上几十里路去深泉中打水。有一次，叶限去泉中打水，把水桶从泉里提上来的时候，发现水桶里竟然有一条小鱼，鱼儿长着红鳞片金眼睛，看上去美丽极了。叶限见了鱼儿，非常欢喜，就把它带回家中精心饲养。

后妈给叶限吃的都是剩菜剩饭，而且经常让她吃不饱。但即便如此，叶限还是会节省下一些食物喂给小鱼吃。那条鱼儿长得非常快，最开始，它被叶限养在一只小木盆里，很快小木盆就装不下了，换了大木盆，再后来是小水缸，大水缸……最后连大水缸也盛不下了，叶限就把它藏进了后院的水池里，并在水池里种满了荷花。这样，鱼儿就可以藏身于荷叶之下，不会轻易被人发现了。

那条美丽的鱼儿很聪明，只有叶限来的时候才会浮出水面，平时就潜入水底，谁来也不露头。叶限平时有什么心里话会对鱼儿说，受了委屈也会悄悄来到水池边哭泣，不知不觉中，鱼儿已经成了她生命里最重要的朋友。

有一天，邻居家的婶婶给了叶限一块烧饼，叶限舍不得吃，藏在衣袖里拿回家给鱼儿吃。趁着后妈不在家，她悄悄来到后院里，轻声唤出鱼儿，然后把烧饼掰成小块，扔进水中喂鱼儿。鱼儿的嘴巴一张一合，不一会儿就吃完了水中的烧饼。忽然间，叶限听到鱼儿开口说话了。它说："好心的姑娘，谢谢你这么长时间以来一直饲养我，每天给我喂食。"

听到鱼儿开口讲话，叶限吓了一跳，当弄明白发生了什么之后，叶限非常开心，她温柔地对鱼儿说：

"可爱的鱼儿，真没想到你居然会讲话！看来你不是一条普通的鱼。听到你讲话，我简直太开心了，有你陪着我说话聊天，我就不会觉得孤单了。"

听了叶限的话，鱼儿回答说："我的确不是一条普通的鱼，我是龙王的小儿子，因为犯错被罚，变成了鱼身，去深泉中思过。由于待在泉中无聊至极，我便出来透透气，结果就遇到了你。很高兴能成为你的朋友，你对我这么好，将来我一定会报答你的。"

"我喂养你，并不是图你报答我。"叶限对鱼儿说，"只要我在一天，就会好好照顾你。可是我好担心，后妈总是罚我去高山上砍柴，去深泉里取水，我担心自己哪一天会失足掉下山摔死，或者掉到深泉里淹死，而且那些地方都很偏僻，很容易遇上强盗，也许我会被强盗掳走，甚至被杀死……再不然，就是被后妈虐待而死，她经常打我骂我不给我吃饭，这样的日子我真是过够了！不过，早点儿死掉，也许对我来说是一种解脱，这样我就能在地底下见到我的亲生父母了。我只是担心，如果我死了，就没有人保护你、喂养你了。"叶限越说越伤心，忍不住哭泣起来。

"叶限，你不应该这么想。你应当珍惜父母给你的生命，日子过得再艰难，你都应该向前看，鼓励自己好好活下去。你要相信，总有一天苦难会过去，幸福会降临到你的身上。而现在，你要做的就是保护好自己，别让自己受到伤害，然后慢慢等待苦尽甘来的那一天。"鱼儿开口安慰叶限。

"保护自己？我根本不知道应该怎样保护自己。像我这样的孤女，没有父母的疼爱，外面的人都喜欢欺负我。后妈还经常指派我去偏僻的地方劳作，她是故意想害死我，我真的不知道怎样才能保证自己的安全。"叶限一面哭泣，一面忧愁地说。

"你要知道，遇到困难时哭是不能解决问题的，只有冷静下来，才能找到解决困难的办法。你先不要担忧，咱们一起来想想办法。你一个女孩子，确实不适合上高山砍柴、下深泉取水，那你想想，有什么是自己擅长的呢？能不能去做自己擅长的事，然后把砍柴和打水这些事交给别人做？"鱼儿问叶限。

"有什么是我擅长的？让我想想，我最擅长淘金！我总能顺利地从淤泥中洗涤出金沙，父亲生前最赞赏我的这门手艺。对了，我可以去淘金，然后把金沙卖掉赚钱，再拿赚到的钱去买樵夫砍的柴，或者请别人帮我去深泉打水！"在鱼儿的启发下，叶限终于想出了一个绝妙的主意，她因此而兴奋起来。

就这样，叶限开始瞒着后妈出去淘金，并凭借这门手艺赚到了一些钱。除去向樵夫购买木柴和请人去深泉打水的花销，她居然也悄悄攒下了一些钱。她用这些钱买了些好吃的食物，瞒着后妈和同父异母的妹妹跟鱼儿一起分享。经过这件事，叶限品尝到了动脑筋带来的甜头，她暗暗决定，以后再遇到困难绝不哭泣，要冷静下来想办法。

没过多久，叶限去淘金的消息传到了后妈耳中，后妈原本打算狠狠打骂叶限，但她转念一想：既然叶限这丫头擅长淘金，又能凭借这门手艺赚到钱，那就干脆把她送去淘金得了，然后把她赚到的血汗钱全部据为己有，这是个好主意！

于是，后妈和颜悦色地对叶限说："叶限啊，妈听说你悄悄跑去淘金了，既然你这么喜欢这门手艺，我也不阻拦你。你就去跟着河岸边的劳工们一起淘金吧，晚上也不要回来了，直接住在岸边的棚舍里就好了，但要记得把所有的收入都上交啊，否则我是不会饶过你的！"

叶限听了，忧愁极了，她悄悄来到水池边，唤出了鱼儿，对它说："鱼儿呀，后妈知道了我淘金的事情。现在为了惩罚我，她要我天天去做苦工，晚上也要住在岸边的棚舍里，住在那儿的大多都是大叔大伯们，我一个女孩子怎么能住在那里？可是如果我不去，后妈肯定会加倍折磨我。我该怎么办呢？还有，我走了你该怎么办呢？谁来给你喂食呢？"

鱼儿想了想，对叶限说："看现在的情况，你是不得不去了。你的后妈心肠歹毒、手段阴险，如果不让她遂意，说不定她又会想出更坏的主意，你不如先出去避避风头。不过你一个女孩子，跟淘金劳工们一起住在棚舍里，必须注意自己的安全。至于我，你倒不用担心，水里有很多小鱼小虾可以吃，你不回来，我绝不会浮上水面让人看到，你放心吧。"

听了鱼儿的话，叶限安心了不少，她继续问鱼儿："那么，你对我有什么安全忠告吗？"

鱼儿回答说："是的，我有几条忠告送给你：第一，淘金的时候，尽量跟其他淘金女结伴而行，不要一个人去偏僻的地方。第二，晚上睡觉关好门窗，尤其在沐浴更衣的时候，务必拉好帘幕，锁好门窗。第三，请做个不好惹的女孩，受欺负时不要犹豫，转身快跑；如果是在人多的地方受欺负，马上大声求救；如果是在人少的地方受欺负，先稳住对方的情绪，然后再寻找机会尽快脱身。"

"做个不好惹的女孩？"叶限对鱼儿所说的第三条建议表示困惑，她说，"我的亲生母亲在世的时候，曾经告诉我，对女孩来说，温柔顺从才是美德，要学会忍耐，吃亏才是福气。"

"不，叶限，"鱼儿马上反驳她的话说，"现在你要忘掉你母亲给你的忠告，因为这有可能会害了你，你知道坏人在做坏事的时候一般会选择什么样的女孩下手吗？就是那些胆小懦弱、忍耐顺从的女孩，因为她们像小羊羔一样好欺负。所以，你的善良必须带点儿锋芒，你的性格要让坏人有所畏惧，他们想使坏的时候，就会自动避开你。"

听了鱼儿的话，叶限觉得非常有道理。于是她认真记下了这些忠告，然后告别了鱼儿，收拾好行李来到了淘金的地方。

夜晚，叶限和其他淘金女住在一起，她的年龄最小，大家都像姐姐一样爱护她。叶限也遵照鱼儿的忠告，跟着其他淘金女一起劳作，绝不离开队伍单独行动，淘金的男劳工中尽管有个别人对她心怀不轨，但却找不到机会伤害她，叶限总算平安地度过了离家之后的头几日。

有一次，叶限在淘金的时候太过投入，不知不觉就沿着河岸走远了。发现这点后，她赶忙沿着原路往回走，这时候，一位大胡子淘金工人忽然迎着她走来，笑容满面地对她说："小妹妹啊，你这淘金的方法不对啊，像你这么淘，一天也收获不了多少金沙，你快过来，让我来给你做个示范。"

叶限本想走过去看看，但却发现大胡子的眼神怪怪的。为了自身的安全，她没有迟疑，第一时间转身向女伴们飞奔而去。当跑到其他淘金女身边的时候，她累得气喘吁吁、满头大汗，淘金的大姐们问她发生了什么，她如实相告，大家这才七嘴八舌地告诉她："幸亏你跑得快，这个大胡子心术不正，就喜欢对女孩们动手动脚。"

"是啊，你要是不赶紧跑，肯定会受他欺负。"

听了大家的话，叶限非常庆幸自己在第一时间选择了逃跑。

还有一次，大胡子在夜晚悄悄潜入了淘金女们所住的棚舍，趁着夜色来到叶限的房间，告诉叶限自己非常喜欢她，还威胁她说，如果不乖乖听自己的话，就让工头赶走她，让她无金可淘。叶限知道女工们都在隔壁，也知道男工们都在附近，因此马上找机会大声喊救命，不一会儿，淘金的工人们就把叶限的小房间团团围住，大家抓住大胡子痛揍了一顿，将其打得鼻青脸肿，从此以后，大胡子再也不敢打叶限的主意了。

可是过了一段时间，淘金地的工头也盯上了美丽的叶限。有一天，他以采金为名，将叶限骗到了一个偏僻的地方试图伤害她。情急之下，叶限大声喊道："你无视律法，是要受重刑的，你真的打算被抓进牢狱，成为囚犯吗？如果是这样，你的家族将因为你而蒙羞，你的父母也将无地自容！"

工头听到叶限的话迟疑了。叶限怕他恼羞成怒会杀害自己，于是连忙哄骗工头，问他："你是真的喜欢我吗？"

"当然是真的！"工头连忙说。

"那么，我可以当你的妻子。我父亲生前给我留了一笔丰厚的遗产做嫁妆，你不要声张，我悄悄回家取回这些财产，然后我们再举行结婚的仪式，你觉得怎么样？"

工头一听大喜过望，马上同意了，于是叶限得以脱身，她悄悄收拾了行李，连夜逃回了家中。一路上，她盘算着：幸亏我没把自己家住哪里透露给工头，否则可就麻烦了；得编个靠谱的理由说服后妈才行，要不然她还会赶我回去淘金……

回家之后，后妈果然大发雷霆，拿出鞭子准备抽打叶限。叶限连忙取出自己淘金所赚的钱币，恭恭敬敬地捧给后妈，然后对她说：

"我此次回来，是来向您辞别的。我在岸边淘金的时候，有一位官员骑马路过，他见到我后非常喜欢，决定娶我为妻。我回来是为了把这件事告诉您，两日后我还得赶回去与他相见。"

后妈听了，大为惶恐，她心想：自己天天虐打叶限，假如叶限成了官夫人，有了奴仆和权力，岂不是要拼命报复自己？于是，她把叶限锁在家中，不允许她再回去淘金。就这样，叶限凭借自己的智慧顺利渡过了眼前的危机。

叶限非常想念自己所养的鱼儿，因此到家后不久，她就迫不及待地跑去同鱼儿相见，却不想这一幕被后妈所生的妹妹看见了。妹妹悄悄把此事告诉了妈妈，后妈决定抓住这条鱼儿。

于是，后妈支开了叶限，带着食物来到水池边，企图诱出鱼儿，可是根本就没有鱼露头。后妈想了想，做了一身新衣给叶限，借故换走她的旧衣服，然后自己穿上叶限的旧衣服来到水边。没想到一走到水边，就有一条美丽的大鱼跳了出来，她连忙撒网捕捞，成功抓住了鱼儿。

然后后妈杀掉了鱼儿，煮了一锅鱼汤跟女儿分享。两人吃掉鱼肉，喝完鱼汤，然后把鱼骨扔到厕所后面。叶限干完活回家，跑到水池边喂鱼，但千呼万唤，都唤不出自己的鱼伙伴。叶限非常心急，只好跳下水池寻找，仍然一无所获。

找不到鱼儿，叶限悲伤急了。她忍不住来到屋后的空地放声哭泣。哭着哭着，一位龙面人身的老人从天而降。老人告诉她："我是此地的龙王，你养的鱼儿，也就是我的小儿子已经被你的后母杀害吃掉了。如今我这里有一滴仙露，你若能找到鱼骨，将仙露滴到上面，那么我的儿子将会复活。"

叶限听了，忙接过龙王手中的仙露瓶，擦干眼泪回家找鱼骨。趁着后妈母女俩不在家，她翻遍了家中的每一个角落，却未发现鱼骨的踪迹。忽然间叶限想到，后妈喜欢将吃完的食物残渣倒在厕所后面，于是便跑去寻找，终于在一堆污物里找到了鱼骨。

叶限连忙取来净水，洗净鱼骨，然后拿出仙露准备往上滴。此时一只百灵鸟飞到了窗边，开口对她说："叶限，你瓶中的仙露不仅能起死回生，还可以令人长生不老。你何不自己喝下去？至于那鱼骨，也非常神奇，你珍藏起来，它会对你有求必应，变出无尽珍宝，够你享用一辈子了。"叶限听了，不为所动，还是将仙露滴在鱼骨之上。

一个时辰过去了，鱼骨忽然闪烁出一道金光，然后一位英俊的少年站在了叶限的面前，对她说："好心的叶限姑娘，幸亏有你，我才得以死而复生。"

叶限惊讶得说不出话来，好半天才反应过来：原来眼前的少年就是她养的那条鱼，也就是龙王的幼子。这时少年长臂一挥，只见叶限身上已不再是原来的布衣，却换成了金丝绣花上衫、百褶如意长裙，浑身上下披挂珠宝，满身绚丽无双，而叶限的足底，也不再是露脚趾的旧鞋子，而是一双轻盈如羽的金镶玉绣鞋。此时的叶限看上去就像仙女一样美丽，整间屋子都因为她的存在而充满了光彩。

这时候，叶限的后妈和妹妹回来了，她们推开房门，看到一位绝世无双的美人站在家中，惊讶得目瞪口呆。过了好久，她们才认出那就是日日被她们欺凌的"灰姑娘"叶限，刚准备质问她，却发现龙王带兵将从天而降，兵将全都手持兵器，对母女二人怒目而视。看到此情此景，这对恶母女终于害怕了，连忙跪地求饶。

再后来，叶限的后妈和妹妹被囚禁在了深海的暗牢里，过着不见天日的生活。叶限很怜悯她们，但却坚信：以直报怨，以德报德，恶人需要受到应有的惩罚。

那么，叶限最后怎么样了呢？

叶限后来嫁给了她的鱼朋友，也就是龙王的小儿子，在龙宫里开始了幸福的生活。龙宫的龙女、公主们听说了叶限的故事后，很佩服她的机智勇敢，都争着同她做朋友，叶限也成了海底的明星，从此过上了悠游自在的生活。

安全提示

1.珍惜生命，相信美好，再难也要好好活下去。

2.遇到困难不要哭泣，冷静下来想办法。

3.外出郊游或者参加集体活动，尽量和同伴们结伴而行，不要一个人去偏僻的地方。

4.在外住宿时要锁好门窗、拉好窗帘。

5.做个不好惹的女孩，你的性格要让坏人有所畏惧，他们想使坏的时候，就会自动避开你。

6.相信自己的直觉，发现不妙，第一时间逃走。

7.如果是在人多的地方受欺负，别怕对方恐吓，马上大声求救；如果是在人少的地方被欺负，先稳住对方的情绪，然后再寻找机会尽快脱身。

07

榨菜公主：

不要接受别人对你的威胁

「 智慧心语：一次受威胁，次次受威胁，威胁的
连环套，永无止境。」

女儿：

前几天，我带你去姨妈家做客。你姨妈聊起了一件事，说你的小表弟，也就是小飞今年刚开始读幼儿园，他本来很喜欢去幼儿园，忽然有一天却死活不肯去了，问他原因他也不说，只是一个劲儿地哭泣。后来你姨妈跟老师聊了聊，但老师也不知道发生了什么事。从那天起，老师就开始特别注意小飞的一举一动，结果发现，每次课外活动的时候，都有一个高个子的小朋友欺负小飞，拿皮筋弹小飞的手，还抢走了他最爱的小飞机。可是，小飞受了欺负为什么不告诉家长和老师呢？他年龄虽小，但却有不错的语言表达能力，早就已经能够清晰流利地说出自己想说的话了。在你姨妈的追问下，小飞才说出了真相：原来，那个男孩不仅经常欺负小飞、抢他的东西，还威胁他不许告诉老师和家长，否则就把他打成肉泥，然后丢在幼儿园外面的小湖里，让爸爸妈妈再也找不到他。小飞听后，害怕极了，虽然心里委屈得不得了，但却不敢对家长和老师吐露半个字。

那天回来的路上，你跟我说，小飞真傻，怎么这么容易上当呢，别人威胁他的话明明都是假的，他竟然也相信了。我告诉你，小飞是因为年纪太小所以容易被吓住，之前就有个幼儿园老师告诉小朋友："老师有一个长长的望远镜可以伸到你家里去，你做什么、说什么我都知道。"结果小朋友相信了老师说的话，心里非常害怕，所以在幼儿园发生了什么事，回家后都不敢告诉爸爸妈妈。孩子，你虽然长大了一点儿，不再像小飞一样容易上当，可是你知道吗，在人的一生当中，可能总要受到几次大大小小的威胁，如果处理不当，就很容易使自己受到伤害。所以，今天妈妈想跟你聊一聊"威胁"这个关键词。

先说说妈妈自己的经历吧。妈妈读小学一年级的时候，有一次上完体育课正准备回教室，忽然体育老师一个球抛了过来，正好打在我的眼角处，距离眼睛就差一点点距离。当时我被打蒙了，紧接着感觉到剧烈的疼痛，我忍不住大哭了起来。那位体育老师赶忙跑了过来，但他没有立刻送我去看医生，也没有为自己的失手向我道歉，而是厉声对我说："哭什么哭，不许哭！回家后不许告诉家长，否则下节课你小心点儿！"

体育老师长得很凶，说话也很凶，我当时害怕极了，吓得立马止住了哭声。回家之后，你姥姥姥爷问我眼角是怎么受伤的，我也不敢说实话，只说是自己碰伤的。后来整整两三个月，我的眼角都是瘀青的，而当时的场景，直到现在想起来我还是会感觉到委屈和愤怒。

　　还有一件事，发生在我读初一的时候。那天上地理课，老师进行了随堂测试，因为没有提前复习，很多题我都做不出来，于是我趁着老师不注意悄悄翻开了抽屉里的地理书……可是，这一幕刚好被我的同桌看到了，她威胁我说，要我以后跟着她混，听她的话，否则就把我作弊的事情告诉所有人。因为害怕，我答应了。

　　可是，我的同桌是个不良少女，她的父母很早就离异了，她跟着奶奶生活。奶奶平时也不怎么管她，因此她逃学打架无所不为，还经常在学校外面的小店里做些偷鸡摸狗的事。那天放学后，她就带着我来到校门口的一家小卖店里，让我假装买东西吸引店主的注意力，然后她悄悄钻进去偷东西。当时我害怕极了，左思右想还是不敢做这样的事，因此借故跑掉了，并且把实情告诉了你姥姥。

　　第二天，你姥姥亲自护送我上学，带我去向地理老师承认了错误，并且请班主任帮我调了座位，远离了原来的同桌。那个女孩初二就辍学了，据说后来成了我们那一带的"大姐大"。如果当时受了她的威胁跟着她"混"下去，我不知道自己现在会是怎样一副模样。

　　孩子，絮絮叨叨跟你说了这么多，其实妈妈只是想告诉你：向别人的威胁妥协，受制于人其实是最不划算的一件事，我们往往要付出更加惨痛的代价。而且，威胁你的人往往也没有他们表现得那样凶狠，如果你被他们吓住了，不把真相告诉爸爸妈妈和老师，往往会将自己推向更加黑暗的深渊。所以，妈妈希望你一定要勇敢，不管将来是有人抓住你的把柄，威胁你去做坏事，还是有老师拿成绩来威胁你，要你满足他们不合理的要求，否则就故意让你挂科，请你都不要害怕，要保持冷静，切莫激怒对方，巧妙脱身后第一时间把真相告诉爸爸妈妈，我们一定会好好保护你，跟你一起面对问题、解决问题。请你记住，爸爸妈妈是你一辈子都可以信赖和依靠的人，你可以放心向我们倾诉自己的小困扰和小秘密。

好了，现在让我们一起来听一则有关"威胁"的故事吧。

"来，宝贝，喝点牛奶……"

"不要，我不喜欢牛奶的味道！"

"那么，吃点煎蛋吧，你看，厨师特意把蛋煎成了你最爱的心形，上面还涂了秘制的番茄酱，看上去就很美味哟……"

"不要不要，我讨厌吃鸡蛋，还有番茄酱红红的真恶心，看上去就像血液一样……"

"那么火腿呢？青菜呢？奶酪呢？草莓蛋糕呢？"

"不要不要，我一样都不喜欢！"

每天早晨，王宫的花园里都会传来这样的对话。原来呀，这是国王和王后正在哄小公主吃饭。小公主从小就非常挑食，这也不吃，那也不吃，国王和王后为了让小公主乖乖吃饭，可谓费尽了心思。他们聘请了全国最出色的厨师，请他们将食物制成各种可爱的形状，烹调出最可口的味道。可是，小公主还是经常食欲不佳，挑三拣四，让国王夫妇伤透了脑筋。

于是，国王向自己的国民们发布了一个通知：谁能献出最可口的食物，让自己的宝贝女儿爱上吃饭，就奖励给对方一袋金子、一袋珍珠和一袋玛瑙。

于是，王宫的门前每天的人络绎不绝，不断有人带着自己认为最好吃的食物前来进献给公主品尝。

农夫带来了自己亲手种的土豆和番茄，那些土豆又大又圆，番茄也新鲜可口，他认为公主一定吃一次就会爱上；猎户带来了新鲜的鹿肉和野兔肉，他觉得公主也许愿意品尝一些野味；糖果店的老板娘带来了足足两大袋糖果，里面有巧克力、牛奶糖球、棒棒糖和橙汁软糖，在她看来，没有女孩会不喜欢糖果，公主一定也不例外；蛋糕店的老奶奶则捧来了自己亲手做的枫糖椰奶蛋糕，她对自己的手艺充满了自信，坚信公主一定会对蛋糕的味道钟爱有加……

可是，公主却对国民们源源不断进献来的食物没什么兴趣，她甚至不愿意张开嘴去尝一尝厨师端上桌的美食。当然，有时候国王和王后催促得太厉害了，她也会不情愿地拿起自己的纯金刀叉，轻轻切下一点儿食物，皱着眉头塞进嘴里，然后艰难地咽下去。不过，她仿佛从未说过什么食物是美味的。

有一天，王宫外面来了一位流浪汉。流浪汉原本是榨菜铺老板的儿子，可是在继承父亲的榨菜铺子之后，好吃懒做的他忽然迷上了赌博，不知不觉就输掉了整间铺子。无奈之下，他只好背上剩余的榨菜，到全国各地流浪去了。

走到王宫附近的时候，他听说国王发布了通知，将会重赏为公主献出美食，能够哄公主吃饭的人。刚好他的背包里有一种能令人食欲大开的榨菜，于是，走投无路的流浪汉抱着试试看的心态来到了王宫，向公主献出了自己的榨菜罐子。

厨师洗净了榨菜，将它们切成细丝，用精美的水晶盘子端到了公主的面前请她品尝。公主对眼前的榨菜丝非常不屑一顾，心想：长得这么难看的东西怎么可能好吃呢？可是，这时候她忽然闻到榨菜丝散发出奇特的香气，然后轻轻咽了咽口水。就这样，公主忍不住吃了一口榨菜，接着又吃了一口，不知不觉中，她竟然吃完了一整盘榨菜，还顺便吃下了一片面包、一枚白水煮蛋和一个烤土豆，并且感叹说："真没想到这貌不惊人的东西吃起来竟然这么美味，以后有了它，吃饭将不再是一件难事。"

听说公主爱上了美味的榨菜，还因此吃下了许多别的食物，国王和王后简直高兴坏了。他们不仅让人赏给了流浪汉一袋金子、一袋珍珠和一袋玛瑙，还重金聘请他为公主的御用厨师，每天为公主制作最美味的榨菜。

一开始，流浪汉简直无法相信这一切是真的：他每天居无定所，过着饥一顿饱一顿的日子，忽然间因为一罐榨菜变成了公主的御用厨师，还收获了丰厚的赏赐，这简直是天上掉下一个巨大的馅饼，刚好砸在了他的脑袋上。他幸福得忘乎所以，忍不住跳起舞来。

就这样，流浪汉终于洗了一个热水澡，然后王宫的理发师为他剪短了头发，刮掉了胡子，侍女们为他送来了雪白的厨师服，流浪汉穿上厨师服，摇身一变，成为王宫里最神气的大厨。他费尽心力，制作出最可口的榨菜，然后将它们装入美丽的盘子，每天亲手端到公主的餐桌上。

每次看到如黄玉一般晶莹剔透的榨菜，公主都会喜笑颜开，对厨师说："谢谢，这是我吃过的最好吃的食物了！"公主长得很美丽，声音也很甜美，每当这时候，流浪汉都会陶醉于公主美丽的容颜和美好的声音，忍不住想入非非。

手里有了钱，流浪汉的手又变得痒痒起来，他忍不住又开始赌博。结果，他不仅输掉了国王赏赐的财宝，还把自己的酬劳都输得精光。于是，黑心眼的流浪汉开始在公主身上打起了主意。

有一天，公主正在独自用餐，流浪汉趁机端起一盘榨菜放在了公主的餐桌上。在公主向他道谢之后，他没有鞠躬离开，而是笑着对公主说："亲爱的公主，您真的认为我做的榨菜好吃吗？"

"是呀，我现在没有榨菜简直吃不下饭，有了你做的榨菜，我一次可以吃下一整碗饭，父王和母后都说我长高了呢！"公主用银铃般的声音说道。

"那我真是太荣幸了。可是，亲爱的公主您知道吗？我做的榨菜虽然美味，但是吃多了也会有副作用的。"流浪汉故作神秘地说。

"什么，副作用？！"公主惊讶得捂住了嘴巴。

"是的，我亲爱的公主，迄今为止您已经吃了一百盘榨菜，我在榨菜里放了一种神秘的调料，人吃下之后就会慢慢长出一个榨菜鼻子。所以，您也许很快就会长出榨菜鼻子了。"流浪汉继续说道。

听了流浪汉的话，公主大惊失色，她赶紧摸了摸自己的鼻子，刚好她的鼻子上长了一粒痘痘，她误以为那就是榨菜，所以马上相信了流浪汉说的话。公主吓坏了，她强忍着泪水，用近乎哀求的声音问流浪汉："怎么办？怎么办？我是最尊贵的公主，绝对不能长出一个榨菜鼻子，否则所有的国民都会嘲笑我的。快点儿告诉我，我该怎么办！"

看到公主上当了，流浪汉松了一口气，他故意放低了音调，小声说："亲爱的公主，您别害怕，我调制了一种特别的药丸，只要按时服用，就不会长出榨菜鼻子了。可是，想吃我的药丸可是有代价的，你得答应我一个要求。"

"快说，是什么要求？无论是什么我都答应你！"公主急切地催促道。

"你需要让你的父亲颁布一道命令，命令这个国家的国民不许吃土豆，也不许吃番茄，还有其他的任何蔬菜，他们每天只能吃榨菜。如果国王不同意这么做，你就闹绝食，不吃任何东西，直到他妥协为止。"流浪汉这样说道。

"可是，我父王是不会同意的……"公主小声说道。

但是，流浪汉没有给公主选择的余地，他恶狠狠地说："我的公主，如果您做不到，那就等着长榨菜鼻子吧！另外，不要对任何人说出这个秘密，否则你不仅会长出一个榨菜鼻子，整个头也会变成一个巨大的榨菜！"说完，他就转身离开了。

流浪汉走后，公主陷入了巨大的恐惧中，她非常爱美，实在不想长一个榨菜鼻子，更不想让自己美丽的脑袋变成一个榨菜。所以，在内心挣扎了很久之后，公主还是决定按流浪汉说的去做。

就这样，公主来到国王面前，开始使劲儿撒娇，要国王下命令让全国的人民都吃榨菜。国王当然不同意，于是公主便开始拒绝吃饭。

一天过去了，两天过去了……公主真的没有吃任何东西，甚至连水都喝得很少。她饿得奄奄一息，但还是不肯进食。王后心疼坏了，她来到国王面前大哭大闹，要国王赶紧发布命令。国王也心疼公主，怕自己唯一的女儿会饿死，于是，他真的发布了一道命令，让国民们每天只吃榨菜，不准吃别的蔬菜，否则就将他们抓进监狱。最后，公主终于从流浪汉那里换来了一粒面粉做的药丸。

国王的命令发布后，全国的人民叫苦连天，但他们不想进监狱，所以只好抛弃了土豆、番茄和卷心菜，每天只吃榨菜汉堡、榨菜卷饼、榨菜三明治、榨菜面和榨菜饭。背地里，他们经常抱怨公主和国王的做法，还给公主取了一个名字，叫"榨菜公主"。

流浪汉看到这种局面，高兴坏了，他制作了更多的榨菜，开始向国民们出售。就这样，他卖掉了很多很多的榨菜，赚得盆满钵满。

可是，流浪汉毕竟是一个赌徒。所有的赌徒都有一个共同的特点，那就是：他们只要口袋里有钱，就会忍不住跑去赌博。最初他们只是为了赢更多的钱，可是结果往往事与愿违，他们一直赌一直赌，直到输掉了手里的最后一分钱。有的人因为输得太惨，甚至不得不卖掉房子来还债。

流浪汉当然也是这样。他有了钱之后，第一件事就是跑去赌博。最开始他赢了不少钱，可是一直赌一直赌，他终于把自己手里的钱全部输光了。于是，他又开始动起了歪脑筋。

流浪汉心想：每天做榨菜卖钱真的是太辛苦了，如果能不劳而获就好了。而不劳而获最好的办法，莫过于成为公主的丈夫，因为公主是国王唯一的女儿，也是未来的国家继承人，如果能迎娶公主，那就等于掌握了整个国家，将来整个国家的金银珠宝岂不是想怎么花就怎么花！

可是，国王怎么肯将自己的宝贝女儿嫁给一个做榨菜的厨师呢？就算他的榨菜做得再美味，国王也不可能这样做！既然国王不同意，那就从公主身上想办法吧！公主年纪小，容易上当，被吓唬后也不敢说出真相，流浪汉决定捏准公主这个弱点，想办法继续哄骗她。

于是，流浪汉又趁着公主独自在花园里玩耍的时候悄悄来到了她的身边，然后故作惊讶地对公主说："好巧呀，亲爱的公主，咱们又见面了！"

看到是流浪汉，公主皱起了眉头，对他说道："你在这里做什么？是谁允许你随便闯王宫的花园的？你上次可把我害惨了，现在王宫外有好多人都在骂我，听说他们还给我取了个难听的外号，叫'榨菜公主'。"公主说着说着，就忍不住委屈地哭了起来。

"我很抱歉，亲爱的公主，请原谅我的无心之失。"流浪汉假惺惺地说道，"但是，恐怕那些国民们议论你的话会越来越难听。"

"你在说什么？"公主听了流浪汉的话，吓得停止了哭泣，紧张地看着他问道。

"尊贵的公主，您为了自己的利益用绝食来要挟国王，让国王滥用手中的权力，强迫民众们放弃丰富的饮食只吃榨菜，您猜，如果我把真相公布出去，百姓们将会怎样议论您和您的父亲？"流浪汉得意地说道。

听了流浪汉的话，公主大惊失色，她脑中一片空白，紧张得说不出话来。过了好久，她才结结巴巴地说："你……你想怎么样？"

"作为公主，您应当爱护所有的国民，承担起一个公主的责任，可是您不仅没有这样做，还随便撒娇，让你的父亲滥用职权去为难全国的民众。这件事情如果传出去，你的名声只会越来越糟，国民们一定会大失所望，然后他们也许会揭竿而起，推翻你们的王国。"流浪汉继续说道。

"求求你，不要把事情说出去，你提什么要求我都答应你！"听了流浪汉的话，公主非常害怕，她急切地恳求流浪汉。

流浪汉看到自己的目的得逞了，马上对公主说：

"如果你不希望我说出真相，那么请在明天晚上八点钟去王宫后花园的假山下面与我见面，记住，不许带仆从和婢女，也不许把这件事告诉任何人，否则你一定会后悔的。"流浪汉丢下这句话就走了，只留下公主一个人站在花园里绝望地哭泣。

那一天，公主过得惊慌又无助，她觉得很羞耻，也非常害怕，她很怕流浪汉对外公布真相，令国民们对自己和整个国家失望。想来想去，公主还是决定去后花园的假山下面赴约，让流浪汉回心转意。

就这样，第二天夜幕降临后，公主支开了仆从和婢女，一个人来到后花园的假山下赴约，没承想流浪汉一下子蹿了出来，带着狰狞的笑容跟她谈条件，要她做自己的女朋友，否则就对外说出真相。

公主当然不同意，可是流浪汉说的话都非常讨厌，还试图对她动手动脚。这时候，公主才后悔起来，后悔自己没有把事情告诉父王和母后，更后悔没有带上仆从和婢女保护自己。

幸好这时候，王后带着士兵和仆人们赶到了。士兵们迅速抓捕了流浪汉，公主这才脱离了危险。

原来，王后早已觉察到了公主的情绪不对劲，便叮嘱一位年长的女仆多多留意公主的状况，女仆发现公主一个人去了后花园，连忙跑去向王后报告，王后知道后立刻带人赶来，这才避免了灾难的发生。

获救之后，公主一头扑到王后的怀中，一边哭一边把事情的原委告诉了母后。王后听了很震怒，派人对流浪汉进行了审讯，这才知道，其实世界上根本就没有让人吃了长出榨菜鼻子的神秘调料，流浪汉不过是利用了公主的恐惧，一直在恐吓公主，诱骗公主，而单纯的公主竟然上了这个无赖的当，差点儿就受到了伤害。

得知这件事的真相后，公主懊悔极了，她恨不得自己打自己一个耳光。王后则心疼地抱住了自己的女儿，温柔地对她说："孩子，你要记住，以后不管遇到了什么难事，都要记得第一时间告诉爸爸妈妈，我们才是最能帮助你的人，让我们一起面对，一定能想出解决问题的最佳办法。千万别一个人傻乎乎地受人威胁，捂住小秘密了，这样很容易让坏人乘虚而入。另外，如果再有人约你去偏僻的地方见面，一定要告诉父母，千万别再只身赴约了，这样做真的太危险了……"

"我都记住了，妈妈。"公主使劲儿点着头，努力记在了心里。

后来，公主在国王和王后的鼓励下，鼓足勇气向国民们郑重道歉，并将功补过，为国民做了许多好事，大家也原谅了她，她又重新变回了受人爱戴的公主。直到这时，公主才明白，其实犯错并没有那么可怕，只要勇于面对，积极弥补，那么错误并不是不可原谅的。相反，如果为了隐瞒错误而受人威胁，那么只会一错再错，走上一条不归路。

安全提示

1.远离赌徒，不要相信赌博的人有药可救。

2.被威胁、吓唬的时候，不要一个人默默消化情绪，第一时间把事情告诉爸爸妈妈，请他们帮你分析问题。你会发现，事情远没有想象中的那么可怕。

3.被别人恶语威胁的时候，要保持冷静，用清醒的头脑去分析问题，不要匆忙答应别人威胁你的条件。

4.如果有人抓住某个把柄要挟你，并借此约你单独去某个地方见面，可以先假意答应下来，然后第一时间把事情告诉爸爸妈妈。

5.勇敢面对自己的错误，坦然承担责任，如果有人抓住你犯下的错误来威胁你，不要为了掩藏错误而接受威胁，因为你会发现，向坏人妥协后付出的代价远比直接承认错误大得多。

08

七色花：

不要随便乘坐黑车

「 智慧心语：珍爱生命，远离黑车。」

女儿：

　　妈妈的朋友壹心姐姐是个旅行达人，每次来咱们家做客，她都会给你讲她在旅行途中发生的趣事。她曾经讲到自己一个人租车去沙漠，结果半路上车坏了，她和司机待在车上等了大半夜，因为温度低差点儿冻死，幸好带了一个自热小火锅；她还提到自己在学生时代曾经靠着搭乘顺风车的方式游遍了西南三省，节省下了一大笔旅费。壹心姐姐讲得眉飞色舞，你也听得满脸期待，并私下告诉我："壹心姐姐简直酷毙了，我以后也要像她那样到处旅行！"

　　的确，壹心姐姐的经历听上去很酷，她曾经背着背包走过了不同的地方，也结识了各种各样的人，看到了广阔的世界。可壹心姐姐没告诉你的是，她曾经随便在大街上租过一辆车去草原上看星星，路上却发现司机的面相特别像公安部通缉令上的一个逃犯，她越想越害怕，特别后悔自己随便租黑车，生怕自己遭遇什么意外，甚至都没来得及把信息告诉家人。当时她想着，路上荒无人烟，万一司机图谋不轨，把她杀掉随便埋了，尸骨根本就不可能被找到，到时候家人根本就不知道她去了哪里；壹心还曾告诉我，有一次她搭乘顺风车的时候遇到不怀好意的人，情急之下她打开车门跳车逃走，结果伤到了踝骨，治疗了好长一段时间。直到现在，一有阴雨天，她的脚踝就会疼痛不已，顺带让她想起那段不愉快的经历……

孩子，壹心姐姐之所以没有告诉你旅行的全部真相，可能是怕吓到你，也可能是不希望你过早地接触到世界的黑暗面。但事实上，如果不适当了解这些黑暗面，当黑暗来袭的时候，你反倒会更加措手不及。有时候，听上去很酷的事情未必是真的酷，世界的真相也远比我们想象中的更加残酷。你知道吗，在一本犯罪心理学著作中，研究人员曾经对许多女性进行过调查，发现在搭车旅行的人中，没有发生任何事故的人只有三分之一。这就意味着，有三分之二的女性都遭遇过大大小小的意外！这个概率真的是很惊人。所以女儿，我平时会再三向你强调：永远不要搭乘黑车，搭车时必须注意安全……

虽然搭车和旅行都很危险，但我们也不能因噎废食，从此封闭自己，不再出行。我们要做的，就是更加注意安全，学会更好地保护自己。孩子，你以后也会独自外出旅行，也有可能去很远的地方读书和工作，所以，从现在起，请提前掌握安全出游的法则，为自己的远行上一道保险。

接下来，让我们一起来听一则有关"搭车"的故事吧。

"抽奖啦，抽奖啦，一等奖的奖金是一万元现金！"

女孩妮可路过商店的时候，听到了这样的声音。

原来，商店正在举行抽奖活动，只要购买一瓶果汁就能参加抽奖，奖金从二十元到一万元不等，还有发卡、手绢、水杯等奖品。妮可并不幻想着自己能中一等奖，毕竟能获得一万元的概率是很小很小的，小到几乎不可能，不过，抽到发卡和水杯的概率还是很大的。妮可很喜欢奖品柜里的那些浅粉色发卡，于是，她忍不住停下了脚步，掏出零花钱购买了一瓶果汁，然后走向了抽奖处。她在心里默念：抽发卡，抽发卡，一定要抽到发卡！

不一会儿，妮可抽到了一张奖券，刮开奖券后，妮可发现上面赫然印着"一等奖"三个字，她不敢相信地揉了揉眼睛仔细一瞧：没错，竟然真的是一等奖！

听说妮可抽到了一等奖，旁边的人都觉得不可思议。商店的阿姨也惊讶地张大了嘴巴，连说："小姑娘，你真是太幸运了！你知道吗，只有一个一等奖，居然被你抽到了，你的运气真是太好了！"

就这样，妮可拿着奖券兑到了一万元，她把那堆钞票塞进了书包，发现书包变得鼓鼓的、沉甸甸的。工作人员担心妮可自己拿着钱回家不安全，还好心地将她送回了家中。一路上，妮可都不敢相信自己会有这样的好运气，不停地问超市的工作人员："阿姨，我真的中奖了吗？这些钱都是我的了吗？"

"对，都是你的，你可以收好，回家交给爸爸妈妈，千万别弄丢！"一旁的阿姨再三叮嘱妮可。

妮可到家时，爸爸妈妈还没有下班。于是，她打开书包，拿出了那堆钞票，对着它们发起了呆：该怎么使用它们呢？是买零食、买漫画书，还是买好多美丽的公主裙？

这时候，妮可忽然想起了乡下的奶奶：奶奶是个很节俭的人，她长年穿着打补丁的旧衣服，袜子和手绢也经常缝补，奶奶屋子里的一切物品都是旧的，被褥、桌椅、碗碟，全都用了许多年，可她舍不得扔掉买新的。每次妮可的爸爸妈妈要给奶奶钱，她总是不要，说自己根本不需要钱。有时候，奶奶还会悄悄给妮可零花钱。

有一次，妮可问奶奶："奶奶，你为什么不要爸爸妈妈给你的钱？有了钱，你就可以拿去买好吃的和新衣服呀！"

奶奶慈爱地回答说："奶奶不要新衣服和好吃的，奶奶等着妮可长大了，赚钱给奶奶花。"

听了奶奶的话，妮可暗暗决定将来一定要赚很多的钱，给奶奶买各种各样的好东西，让她一次花个够。

这一次因为中奖，妮可一下了拥有了一大笔钱，她决定把这些钱全都送给奶奶，让她买一大堆的新衣服，还有各种各样的好吃的。

于是，妮可又把钞票放回了书包，然后背上书包，给爸爸妈妈留下了一张字条，写着："我去乡下奶奶家了！"

妮可把字条往桌子上一扔，然后就背着书包出门了。

出门后，妮可先是搭乘公共汽车来到了长途汽车站，然后买了去奶奶家的票，准备乘坐长途汽车去看奶奶。

可是当她来到乘车的地方时，妮可傻眼了：只见停车场内整整齐齐地停着一长排的长途巴士，到底哪辆才是去奶奶家的呢？

这时候，妮可忽然想起：上次爸爸妈妈带自己去奶奶家的时候，乘坐的是一辆绿色巴士。她转了一圈，果然发现了一辆绿色巴士，于是她跳上了那辆巴士，开始了自己的旅程。

巴士开啊开，开了很久都没有到达祖母家，妮可在车上颠簸得有点儿累了，一不小心睡了过去。等她醒来的时候傻眼了，原来巴士已经到达终点站了，可是终点站不是奶奶家，而是一个陌生的地方。更可怕的是，司机到站后就下班了，这位司机非常粗心，所以根本没发现妮可躺在座椅上睡觉，居然把她锁在了车里！

"来人啊，救命啊，我该怎么办？"妮可大声地哭泣起来。

这时候，巴士上忽然出现了一位慈祥的老奶奶。老奶奶温柔地对妮可说："孩子，别怕，我来帮助你。"说完，老奶奶就拿出一朵花交给了妮可，那朵花非常美丽，它有七片花瓣，每一片花瓣的颜色都是不同的，有红、黄、蓝、绿、白、紫、黑七种颜色。

老奶奶对妮可说："你是个有孝心的孩子，所以我把这朵七色花送给你。你瞧，这朵花上的七色花瓣，每一片都有不同的作用，撕下红花瓣，能让时光倒流；撕下黄花瓣，能让你听到别人的心声；撕下蓝花瓣，能让你对面的人定格十分钟；撕下绿花瓣，能让你瞬间隐身；撕下白花瓣，可以让你迅速变换位置；撕下紫花瓣，可以让你对面的人脑中一片空白，听从你的指令；撕下黑花瓣，就会发出尖锐的警笛声。孩子，你独自出门旅行，实在是太危险了，你一定要收好这朵七色花，并记好每片花瓣的用处，关键时刻，它能助你脱险。"说完，老奶奶就消失了。

看着手里的七色花，妮可非常开心，她连忙撕下了红颜色的花瓣。神奇的事情发生了，妮可听见了嘀嗒嘀嗒的声音，紧接着，她就奇迹般地回到了两个小时之前。

两小时前的妮可正捏着票在长途汽车站打转，犹豫着应该乘坐哪辆车。这一次，她没有轻易坐上绿色巴士，而是找到车站工作人员，认真询问他们应该坐哪辆车。在一位穿制服的叔叔的指导下，妮可坐上了一辆黄色巴士——这才是开往奶奶家的正确车辆。

不过，车站的叔叔告诉妮可，她的目的地不是终点站，而是倒数第二站，叔叔提醒她到时候及时下车，千万别坐过站。这次妮可不敢在车上睡觉了，她一边看着窗外的风景，一边留意着车辆的报站信息。

这时候，妮可听到一阵咕咕的声音，她仔细一听，原来这声音是从自己肚子里传出来的，她这才意识到自己饿了。于是，她翻开书包找东西吃，可是她发现自己走得太急，忘记带些零食上路了。这让她非常懊恼。

这时候，后座忽然递过来一个香喷喷的热狗，妮可回过头，发现一位阿姨正笑眯眯地看着她。阿姨把热狗递给妮可，热情地说："肚子饿了吧孩子，阿姨都听见你肚子在叫了。快吃了这个热狗吧，吃完肚子就不饿了。"

妮可接过热狗就要往嘴里塞，却忽然想起妈妈曾经多次说过：出门在外，千万别吃陌生人给的东西，喝陌生人给的饮品，因此她迟疑了。

看到妮可犹豫，阿姨用温柔的语调对她说："吃吧孩子，这种热狗特别好吃，我女儿最喜欢吃了。我女儿跟你一般大，看见你呀，就像看见了我女儿。可惜她在老家，一年我也见不了她几次。"说着，阿姨就伸手抹了抹眼泪。

看到阿姨难过，妮可也有点伤心，她心想，这位阿姨看样子不像坏人，她可能只是看到自己长得像她的女儿才给自己东西吃的，自己不该多心怀疑她。即便如此，妮可还是有点儿不放心，于是她干脆撕下了黄色的花瓣，想听一听阿姨的心声，然后妮可听见了这样的声音：真没想到这个小姑娘出门带着这么多钱！我在热狗里放了安眠药，等她吃下去睡着了，我就可以从她的书包里拿走那些钞票了，然后转手把她卖掉，又能赚一大笔钱！小姑娘，赶紧吃吧……

妮可一听，大惊失色：原来这"好心"的阿姨是个人贩子！这黑心的阿姨，不仅想把自己的钱据为己有，还想贩卖自己！于是妮可马上把热狗扔在地上，对着司机大声喊道："停车，停车，我要下车！"

"下车要到站点，这儿不允许停车！"司机在前面说道。

这时候，忽然有个年轻人坐到了妮可旁边的位置上。妮可还没反应过来是怎么回事，对方就掏出一把尖刀，小声威胁妮可说："不许出声，一会儿乖乖跟我下车，否则小心我杀了你！"

"儿子，先把她的书包拿过来，这小丫头片子，出门带了不少钱呢！"刚才给妮可热狗吃的阿姨在后座上悄声说道。

糟糕，原来阿姨有同伙！妮可又急又怕，但她还是努力让自己平静下来，积极思索对策。这时候她看见了自己手里的七色花，马上扯下蓝色的花瓣，时光瞬间凝固了，除了妮可，车上的所有人都定住了，就像雕塑一样。

趁着这个机会，妮可赶紧背上书包，拿上七色花逃走了。因为车门被定住了，关得紧紧的，她只好从车窗里跳了出去，幸好没有摔伤。接下来，妮可一路狂奔，很快就跑出了老远。

到达一个安全的地方之后，妮可才停止了奔跑。与此同时，她的脑袋也在飞速思考着一个问题：现在安全了，可是接下来怎么办呢？

妮可反思了一下，刚才之所以遇见危险，有一部分原因是她当众打开书包翻找零食，结果露出了包里的钞票，然后就被人盯上了。在接下来的时间里，妮可决定捂紧书包，绝不随意暴露自己的"财富"。于是，她抽出几张钞票塞在口袋里，然后把书包的拉链拉好，再打个结，重新背在身上。

妮可在人流较大的地方转了几圈，其间不时有人跑来搭讪，问她："小姑娘，需要住旅店吗？去我们家吧，我家既便宜又干净！"还有人问她："小妹妹，你一个人出门吗？需要我给你介绍一份工作吗？"遭遇过一次危险后，妮可学聪明了，她不想暴露自己是一个人旅行，便"撒谎"道："谢谢啊，不需要，我在这等我爸爸，他去买东西了，马上就回来了。"听说妮可不是一个人，那些不怀好意的人渐渐散去了。

这时候，妮可发现附近有许多车辆在载客。这些车辆不是出租车，反而有点儿像私家车。于是妮可往前走了几步，看着车主和乘客讨价还价。这时候走过来一位大叔，他热情地问妮可："坐车吗，小姑娘？叔叔的车又快又稳，关键还特便宜！"

大叔的话很有诱惑力，毕竟妮可现在最需要的就是搭车抵达目的地，于是妮可试探性地问大叔，到奶奶住的小镇多少钱，大叔告诉她："我就收你五十块钱好了，保证把你安全送到目的地。你看现在天快黑了，公交车收班了，这里也不好打车，你赶快上车，我一会儿就把你送到！"

大叔长着一张忠厚的脸庞，看上去实在不像坏人，关键是再不赶路天确实就要黑了。妮可有点儿着急了，于是心一横，坐上了大叔的车。

原本妮可打算坐后排，可是大叔说路上太颠簸，坐后面容易晕车，建议妮可坐到副驾驶座，妮可同意了。

车开了十几分钟之后，妮可忽然觉得大叔有点儿奇怪，他的手总是有意无意地去碰妮可的腿。妮可有点儿害怕，趁着大叔扭头点烟的机会，她迅速撕下一片白色的花瓣，于是，妮可的座位发生了变化，她从副驾驶座换到了后排的位子上。

"咦，小姑娘你什么时候换座位了？你动作倒是快，我都没发现！"大叔发现妮可调换座位后非常诧异。

"嗯，因为您在抽烟，我对烟味过敏，所以就爬到后座了。"妮可解释说。

大叔勉强接受了这个解释。

接下来，妮可又有了新的发现：她发现大叔越开越偏僻，路上的人也越来越少，这简直太不对劲了！

"如果车开到偏僻无人的山路上，到时候发生什么危险，连求救都不会有人听见！"这个念头让妮可直冒冷汗。

"停车，快停车，我要下车！"妮可忍不住喊道。

可是大叔就像什么都没听见，一点儿停车的意思都没有。妮可急了，一把扯下紫色的花瓣，然后对大叔说："马上给我停车！"

此刻大叔的脑中一片空白，他马上执行了妮可的指令。妮可生怕大叔清醒过来会开车追自己，赶忙把大叔的车钥匙拔下来，扔到旁边的臭水沟里，接着从书包里找出胶棒涂在大叔的眼睛上，又把大叔的外套绑在他的头上。然后趁着大叔还没反应过来，下车拔腿就跑。

妮可跑呀跑，不知不觉天就黑了下来，她害怕极了，不知道应该怎么办。这时候，她忽然看到一群不怀好意的小混混吹着口哨向自己走过来。"糟糕！"妮可心想，她连忙撕下了一片绿色花瓣，就在那一刻，妮可成功隐身了，躲过了小混混们的欺负。

后来，隐身的效果消失了，妮可在马路上继续前行，她走了很久，累得快要走不动了。这时候一辆小红车在妮可身边停了下来，一位美丽的姐姐探出头问妮可："小妹妹，你需要帮助吗？我可以载你一程。"

又困又累的妮可又上了美丽姐姐的车，因为这位姐姐看上去不像坏人，如果是位男士，她怎么样都不敢上车了。不过这一次，妮可小心多了，她特意坐在司机后面的位置，也没有吃姐姐递过来的巧克力。

原本妮可和开车的姐姐聊得很开心，可是中途停车的时候，妮可却发现姐姐在往自己身上注射一种奇怪的液体，姐姐解释说那是在治病，可是妮可觉得有点儿不对劲。过了一会儿，姐姐还非要拿出一种白色的粉末给妮可品尝，告诉她吃完之后会特别舒服，妮可不想吃，姐姐脸上的表情马上变得非常难看，警告她说："你不要敬酒不吃吃罚酒，不听姐姐的话后果很严重哦！"

妮可害怕了，她觉得姐姐手里的白色粉末不是什么好东西。于是，妮可赶快撕下最后一片黑色花瓣，外面马上发出了尖锐的警笛声，那姐姐吓得浑身发抖，妮可则趁机下车逃走了。

警笛声吸引来了附近的警察，警察带走了姐姐，并把妮可安全送到了奶奶家。也正是在这个过程中，妮可了解到原来姐姐是个吸毒的瘾君子，她给妮可吃的白色粉末正是毒品！幸亏妮可反应快，否则后果不堪设想……

妮可到达奶奶家之后，发现爸爸妈妈已经等在那里了，原来他们下班回家看到妮可的纸条后急坏了，马上驱车赶往奶奶家，却没有看到妮可的身影。这可把全家人吓坏了，他们第一时间报了警，并准备到处寻找妮可。幸好这时候妮可平安归来了。

当妮可把钞票拿出来送给奶奶时，奶奶流泪了，她抱住妮可对她说："孩子，谢谢你的礼物，可是对我来说，你的平安健康才是世界上最珍贵的礼物，答应我，以后再也不要冒险出行了。"

"我记住了，奶奶，以后再也不会了。"妮可郑重地向奶奶保证。

安全提示

1.搭乘公共交通工具时，尽量不要在车上睡觉。管理好随身财物，尽量避免在别人面前暴露自己的财物。

2.遇到问题可以找工作人员帮忙，而不是向陌生人求助。

3.外出旅行应自带食物饮水，不要随便吃陌生人给的食物，喝陌生人给的饮料。

4.一个人外出乘车，应当让爸爸妈妈知道自己的位置和行程，路上要及时同家人沟通自己的车次、站点和到达时间等，随时同家人、好友保持联系。

5.乘坐巴士时遇到奇怪的人和事，应当及时找人多的地方下车，然后报警。必要时可以向司机求助。

6.外出旅行选择正规的交通工具，不要乘坐黑车，也不要随便搭乘顺风车。

7.乘坐出租车时可以坐在司机身后的位置，该位置相对比较安全。

8.发现司机随便改变路线或者将车开往偏僻地带，应及时下车；如果司机不同意，应当大声呼救。

白雪与红玫：

不要帮助那些自私的闺密

「智慧心语：自私的朋友，不值得帮助。」

女儿：

　　昨天晚上你在做老师布置的手工作业，妈妈注意到你做的是双份，于是问你为什么。你告诉我，另一份是替玫玫做的，因为她最不喜欢做复杂的手工作业。还有前几周，学校组织集体活动，妈妈特意为你烤制了你最喜欢的草莓小甜饼带去和伙伴们一起分享，可是回来之后，你却赖在厨房里狂吃剩下的小甜饼，我原本以为是自己做的小甜饼太受欢迎，被大家分光了，以致你都没有吃到，可是你却告诉我："小甜饼都被玫玫一个人给吃了，她一个都没给我留！"

　　所以，妈妈今天给你写这封信，是为了跟你讨论一下"友情"这个关键词。孩子，你长大了，有权利自己选择朋友，妈妈也不想干涉你的选择。所以今天我写这封信，并不是想阻挡你跟朋友们的交往，也不是要针对谁，只是想认真跟你探讨一下：我们应该怎样交朋友，如何对待好朋友。

　　孩子，你一天天长大了，也有了自己的好朋友。我还记得入学第一天，你低着头，一脸的羞怯，你悄悄告诉我，学校对你来说很陌生，你感觉到很孤单也很紧张。当时我告诉你，不要担心，你很快就会交到新朋友，有了朋友们的陪伴，你就不会感觉到孤单和陌生了。果然，两周时间不到，你就有了自己的好朋友，也对上学充满了期待。看到你欢快的样子，妈妈也觉得非常开心。

妈妈有时候会想，人为什么需要交朋友呢？也许是因为，朋友之间可以彼此陪伴、相互温暖，遇到困难的时候，还可以互相帮忙。可是，朋友也有好坏之分，好的朋友能够与我们共同成长，帮助我们变得更好。这类朋友，可以称为"益友"。而在他们当中，又有那么一部分人，有时候可能会给你泼冷水，在你犯错的时候能直白地指出你的缺点，他们说的话可能没那么好听，偶尔还会让你觉得不舒服，但他们却是真心为你好，对你的成长也大有裨益。这类朋友，我们称为"诤友"。除了上面所说的"益友"和"诤友"，还有一类朋友，我们可以称为"损友"，这类人自身的品性不够端正，跟他们交往是有害的，很容易让自己误入歧途。所以，在交朋友的过程中，我们一定要努力靠近"诤友"和"益友"，远离"损友"，这样才能收获真正的友情。

那么，在跟朋友交往的过程中，又应当注意哪些问题呢？妈妈简单总结了以下几点：首先，朋友之间的地位是平等的，所以双方都要付出，不能只有一方付出，更不能无底线纵容对方，因为那会让双方的地位变得不平等，纯洁的友情也会随之变味；其次，坚持原则是非常重要的，在友情里要坚守底线，敢于说不，勇于拒绝对方不合理的要求；再次，也是最重要的，当你的朋友去做坏事时，你不要随波逐流，为了讲"义气"而追随对方，应当及时把情况告诉爸爸妈妈和老师，并且及时远离对方，这才是对友情真正的尊重；最后，假如你的朋友遇见了坏人，不要一时脑热，单凭自己的力量去营救对方，你还小，力量也十分有限，此时最明智的做法不是铤而走险，而是及时求助，请警察或者家长、老师前来帮忙，这样才能真正帮助对方。

总之，交朋友是一件长久的事情，在彼此交往的过程中，一定要学会从细节处观察对方的品性。如果对方自私自利，爱贪小便宜，经常在背后讲别人的坏话，从不懂得尊重他人，那么就算他嘴里说的话再好听，他也是不可信的，不值得你付出友情。你只有擦亮双眼，洞悉世事并学会识人，才能交到真正的朋友，获得最真挚的友情。

孩子，你曾告诉我，玫玫是你最好的朋友，也是你的真闺密，正因为你们两个要好，所以你才会帮助她做这做那，她不想做作业就找你代做，做错事也要你帮忙撒谎，你说自己珍惜这份友情，所以才肯帮她的忙。可是，你这样做，是真的为了她好吗？你说玫玫总是跟你撒娇，说她的年龄小，你应该让着她、帮助她，但是一味要求对方付出，真的是对友情的尊重吗？

孩子，你一天天长大了，未来的路还很长很长，在将来的日子里，你会交到更多的朋友，也会拥有别的闺密。唯愿你能掌握交友的技能，为自己找到真正的"益友"；同时，也能成为别人的"益友"，对你的朋友有所帮助。最后，妈妈把孔子的一句话送给你：

益者三友，损者三友。友直，友谅，友多闻，益矣；友便辟，友善柔，友便佞，损矣。

孔子这句话的意思是：有益的朋友有三种，有害的朋友也有三种。与正直的人交朋友，与诚信的人交朋友，与知识广博的人交朋友，是有益的；与谄媚逢迎的人交朋友，与表面奉承而背后诽谤人的人交朋友，与善于花言巧语的人交朋友，是有害的。妈妈希望，你在交朋友的过程中，能选择前三种人，避开后三种人，保护好自己的安全，也享受到真正的友情。

接下来，让我们一起来听一个有关闺密的故事吧。

在一所偏僻的农舍里，住着一位善良的农妇，她的丈夫很早就去世了，只留下她和女儿相依为命。她的女儿是在下雪天出生的，皮肤也洁白如雪，所以她为女儿取名为"白雪"。

　　有一天，农妇带着女儿在家中做针线活儿，忽然听见一阵哭声，打开门一看，外面坐着一个小女孩。小女孩告诉农妇，她跟着母亲上山采药，母亲失足掉下了悬崖，她走了很久才看见这栋小房子。

　　"真可怜，那你的爸爸呢？"白雪问道。

　　"我没有爸爸，一直和妈妈相依为命，可现在我也没有妈妈了。"小女孩哭着说道。

　　"妈妈，这个小妹妹真的太可怜了，我们收留她吧。"善良的白雪向母亲恳求道。

　　"唉，可怜的孩子，只要你不嫌弃我们家贫穷，就留在这儿吧，从此以后，我就是你的妈妈，白雪就是你的姐姐。"农妇流着泪说。

　　就这样，白雪有了一个妹妹，她的名字叫作红玫，因为红玫来的那天，窗前的红玫瑰开得正鲜艳，所以农妇给她取了这个名字。

　　自从有了妹妹，白雪一直用心呵护着她，有什么好吃的、好玩的，总是先让给红玫。红玫非常娇气，不爱做家务，白雪就默默承担了大多数家务活。红玫也跟白雪非常亲昵，每次出门都会拉着姐姐的手，说："我们是姐妹，我们不要分开。"白雪则回答说："是的，就不会分开。"她们的母亲也会补充说："有福同享，有难同当。"

后来，农妇因病去世了，只剩下白雪和红玫相依为命。小木屋后面的森林是两个女孩的乐土，两人经常手挽手跑进森林，采浆果、摘蘑菇，在柔软的草地上载歌载舞。小动物们都喜欢这对姐妹，它们温驯地围绕在她们的身边接受抚摸，野兔最喜欢吃她们喂的树叶，麋鹿也喜欢伏在她们脚下吃草，野马看到她们就会活蹦乱跳，有她们出现的场合，鸟儿的歌声也变得分外动人。

"这儿真像天堂，安宁而美好，我想我们可以躺在这儿过夜，这绿茸茸的草地比家里的被褥更加舒适。"红玫天真地说道。

"我们很幸运，遇到的都是善良乖巧的小动物，但你知道吗？森林里除了麋鹿和野兔，还有狮子、野狼和灰熊，如果遇到它们就麻烦了，而且女孩是不可以随便在外面过夜的，更何况是在无人的森林里。"白雪说道。

红玫勉强接受了白雪的劝导，不再幻想着在森林里过夜了。很快冬天就来到了，皑皑的白雪覆盖了整个森林，这时候白雪和红玫就不再出门了。她们安心待在小木屋里，家里储存着足够多的食物，她们不必担心饿肚子，只需要每天把房间打扫得干干净净，然后生起火，在铁架上挂一只水壶，等水烧开了，就泡上一壶玫瑰红茶，再端出一碟花朵形状的饼干，一边吃一边谈天说地。有时候她们也会读书、纺线和唱歌，把漫长而寒冷的冬天过得暖融融的。

这天晚上，白雪和红玫围炉烤火，忽然听到了敲门的声音。"谁啊？"两个女孩好奇地问道。

"哦，是我，我快冻死了，能让我进屋子暖和一小会儿吗？"门外传来一阵虚弱的声音。

白雪从门缝里往外一看，吓得马上后退了几步：原来门外是只大黑熊，体积是她的好几倍。

知道门外有只黑熊后，红玫也吓得瑟瑟发抖。而黑熊继续在门外乞求道："我不会伤害你们，只是又冷又饿，想进去暖和一会儿，吃点儿东西，求求你们救救我吧，不然我就会被冻死，就算不被冻死，也会被饿死的。"

白雪听了黑熊的话，低头想了想，然后走到门前，柔声对黑熊说："黑熊先生，我们的屋子太狭窄，不能请你进来烤火，不过小木屋的后面有一间柴房，里面铺满了柔软的稻草，你可以去稻草堆里取暖。柴房里还有一点儿粮食和蜂蜜，你可以随便享用。"

黑熊接受了白雪的提议，转身爬进了柴房。白雪也松了一口气。

第二天起床后，白雪和红玫发现黑熊已经走了，柴房里储存的食物也被吃掉了一些。

"看来黑熊并不想伤人，也许以后它还会来过夜，我们应当做些准备。"白雪想道。为了让黑熊睡得更舒服一些，她在柴房里铺了一床被子，又放了一些清水、土豆和面包。而红玫并不乐意做这些，她觉得一头黑熊的死活跟自己根本没什么关系。

第二天夜晚，黑熊果然又来了。它悄悄爬进了柴房，吃了白雪准备的食物，又盖上被子睡了个好觉。第三天、第四天依然如此，黑熊在白雪家的柴房里度过了整个寒冬的夜晚。

"这很奇怪，黑熊不是应该在山洞或者树洞里冬眠吗？"白雪偶尔会想，"也许，这是一只不一样的黑熊吧。"

冬天快要结束的时候，黑熊又跑来敲小木屋的们，对屋子里的白雪说道："亲爱的女孩，谢谢你提供的食物和被子，帮助我熬过了这个寒冷的冬天。现在，我要离开了，有两件礼物是送给你的，一个哨子和一串项链，我将它们放在门口了。记住，遇到危险的时候，请吹响哨子，我会第一时间赶来救你。"说完，黑熊就离开了。

确定黑熊离开后，白雪打开了屋门，果然在门外发现了一只白桦皮的哨子和一串镶满宝石的项链。"快来看，黑熊给我们送了礼物。"她向屋子里的红玫喊道。

"真的吗？"红玫连忙跑出来，"哇，好美的项链，我要拿它搭配那条粉红色的跳舞裙。"说完，她就迫不及待地将项链戴在了自己的脖子上。白雪则反复把玩着那只哨子，将它研究了许多遍，然后才放入了自己的口袋。

春天来了，又到了鲜花盛开的时节，红玫每天穿上鲜亮的衣服，戴上那条宝石项链去花丛中跳舞，过得开心极了。白雪却每天都要在家中忙碌，为两个人的衣食操劳。有时白雪也会对红玫不满，但很快又原谅了她："算了，我们是姐妹，是最好的朋友，我不该斤斤计较。"她总是这样安慰自己。

有一天，红玫在花丛里遇见了一位清秀的少年，两人一见如故，很快便成为了恋人。少年每天都会送给红玫一件珠宝，并且对她说很多甜言蜜语，红玫沉浸在甜蜜的爱情当中，感到快乐极了。几天后，白雪在妹妹的枕头下面发现了那些珠宝，觉得很奇怪。第二天，红玫出门约会的时候，白雪悄悄跟在后面，终于发现了红玫的秘密。

红玫回到家的时候，白雪正在家中等她，她严肃地对妹妹说："我今天看见了你的恋人，但我觉得他并不是一个可靠的人，请你尽快离开他。"

"为什么？他很爱我，还送给了我许多珠宝。"红玫不解地问道。

"他的眼神非常阴郁，而且面露凶光。今天我听到他对你说，自己是附近猎户的儿子，我们周围荒无人烟，哪里有什么猎户？而且猎户的儿子怎么会有这么多昂贵的珠宝？"白雪对红玫说。

沉迷于爱情的红玫根本听不进姐姐的话，她认为姐姐一定是在妒忌自己找了一个这么完美的恋人，所以她根本没把白雪的话放在心上，仍然每天悄悄跑出去约会。

白雪很担心红玫的安全，所以每天都在门前等她归来。随着交往时间的增加，红玫的恋人也对她不再甜蜜，而是越来越凶，他开始恶狠狠地对红玫说："你必须乖乖听我的话，否则小心我对你不客气！"

有一天，红玫和少年发生了激烈的争吵，少年忽然试图扼住红玫的咽喉。红玫意识到了危险的存在，转身向家中跑去，少年则穷追不舍。

红玫跑啊跑，终于跑到了自家的门口，她亲爱的姐姐白雪正在焦急地等待她。她赶忙跑到了白雪的身后，请求姐姐庇护她。

"你要干什么？"白雪勇敢地挡在了红玫前面，厉声对少年说。

"这是我跟红玫的事，跟你没关系。让开，我要杀掉她！"少年凶狠地说道。

"这不可能，我不会让你伤害我妹妹，我们把珠宝都还给你，请你快点儿离开！"白雪壮着胆子说道。

"那不可能，我不能随便饶过红玫！"少年说着就扑上前来。

这时候，让白雪震惊的事情发生了：红玫竟然趁着姐姐跟少年周旋的时候跑进了小木屋，然后紧紧地关上了房门，一点儿都没有考虑到姐姐还身处危险之中。

"我把门锁了，你快点儿走！"红玫隔着房门向少年喊道。

"你休想！赶快开门，给我出来！否则，我就杀了你的姐姐！"少年恶狠狠地说道，并且真的掏出一把尖刀。

"我不开，就是不开！"红玫在木屋里尖叫。

少年拿着尖刀，一步步向白雪扑来。那一刻，白雪非常伤心，对红玫充满了失望。但她马上告诉自己：不要沉溺于情绪当中，拯救自己的生命才是最重要的。她定了定神，试图稳住少年，告诉他："你不要激动，我有钥匙，我来开门！"

趁着少年发愣的时间，白雪赶忙从口袋里掏出了黑熊送给自己的口哨，然后用尽全力将它吹响。

"嘟……嘟……"嘹亮的口哨声划过了森林，忽然有一只黑熊冲出了森林，向小木屋奔来。

紧接着，黑熊举起了巨大的熊掌，将少年拍倒在地。忽然间，怪事出现了，清秀的少年一下子变成了又老又丑的侏儒，侏儒看到黑熊后非常害怕，开始跪地求饶，可是黑熊丝毫没有心软，一口咬死了侏儒。

侏儒死后，黑熊也发生了变化，它忽然站立起来，脱下了厚重的熊皮，变成一位英俊的男子。

男子告诉白雪，自己原本是邻国的王子，侏儒是一个黑心的巫师。巫师用幻术骗了他，将他变成了一头熊，还抢走了他所有的财富。这一年中，他一直在苦苦寻找侏儒，却一直没有找到，冬天的时候还差点儿被冻死，幸亏白雪救了他。

确定危险解除后，红玫终于颤抖着打开了小木屋的门。她跪在地下请求白雪的原谅，并告诉她自己只是太害怕了，所以才做了自私的决定。知道黑熊变成王子之后，她还试图欺骗王子，告诉他当时帮助他的人其实是自己。但王子没有相信，因为他记得白雪的声音。

这一次，白雪没有再原谅红玫。她和王子一起离开小木屋，找到侏儒藏在山洞里的财宝，然后回到了王子所在的王国。之后，两人举行了盛大的婚礼，从此过上了幸福的生活。

再后来，王子成为国王，白雪也成了王后，并生下了一位小公主，她经常意味深长地对公主说："孩子，将来你会长大，也会有自己的闺密。有闺密是一件很幸福的事，但在为自己选择闺密的时候，一定要擦亮眼睛，不要纵容那些自私的朋友，也不要帮助那些不值得帮助的人。"

安全提示

1. 不要随便给陌生人开门。帮助他人时先确保自己的安全。

2. 不要贪慕别人送的贵重礼物，更不能为了收礼物答应别人的无理要求。

3. 与人交往的时候，要悄悄观察对方的为人，确定对方正直可信才能深交。

4. 同异性朋友交往时，不要在偏僻无人处单独相处。

5. 遇到危险保持镇定，先稳住对方情绪，再找机会向外界求救。

6. 自私的朋友不可交，更不值得你倾心相待。

10

一千零一夜：

你无法拯救一个人渣

「 智慧心语：人应当有冒险精神，但威胁生命安
全的事不能冒险去做。」

女儿：

《一千零一夜》的故事，讲的是一个国王生性残暴，他每天娶一名少女，第二天一早就把她杀掉。一个女孩为了拯救无辜的女孩们，自愿嫁给国王，用讲述故事的方法吸引国王，每夜讲到最精彩处，天刚好亮了，使国王不忍杀害自己，允许她下一夜接着讲。她的故事一直讲了一千零一夜，国王终于被感动，与她白首偕老。

孩子，你很小就喜欢听童话，但这个故事我不喜欢，所以没有讲给你听，直到后来你自己会看书了，在童话书上读完了这个故事。当时你的反应是：好恐怖呀，这个故事听上去真可怕！

孩子，你的直觉是对的，这个故事，的确非常恐怖。一个生性残暴的人，随时随地都有可能做出可怕的事，冒险与这种人接触，后果往往不堪设想。可是，《一千零一夜》的女主人公不仅没有离国王远远的，反而主动送上门去给他讲故事，希望能用故事感化他。在童话里，女孩成功了，她用精彩的故事吸引了国王，使他放下仇恨，找回了善良，最后两个人相亲相爱，过上了幸福的生活。

可童话就是童话，一个人的本性哪能这么容易发生改变？在现实生活中，这种"博爱"的女孩可能早就死过一百次了。所以，在现实生活中，遇到性情暴戾、凶残嗜血的人，我们还是能躲多远就躲多远，千万不要随便招惹这样的人，更不要幻想着用爱来改变这种人！

在现实生活中，其实有不少女孩在犯跟《一千零一夜》的女主人公同样的毛病。她们遇上的人明明很糟糕，有的身染恶习，好吃懒做；有的品行不端，撒谎成性；还有的有暴力倾向。可是这些女孩却因为爱情蒙蔽了双眼，把自己想象得太过强大，她们无限制地牺牲、奉献着，以为自己的爱能让对方发生改变、浪子回头，脱胎换骨蜕变成完美的爱人。事实上，这种可能性微乎其微，这些女孩如果一意孤行，不肯抽身，最后的结果很可能就像飞蛾扑火一样，陷入火海无法自拔，化为灰烬。这样的女孩，我们通常会说她们有一颗"圣母心"，遇上不靠谱的人，却不懂得快点逃离，反而一味付出，无底线纵容对方，以为自己能拯救渣男。这些可怜的姑娘们，结局都不会太好。所以孩子，一个女孩要想获得幸福，必须警惕自己的"圣母心"，并远离一切危险源，要时时谨记：危险的事情不能做；危险的人，离他们越远越好！

因为不喜欢《一千零一夜》这个故事，我特地对它进行了改编，我想通过故事告诉女孩们：永远不要幻想着拯救一个人渣，那只会将你拖入黑暗。接下来，让我们一起来听一听新版的故事吧。

在很久以前，有两位国王，他们是好朋友，他们娶的王后也亲如姐妹。后来，两位国王都成了父亲，一位王后生了一位英俊的小王子，另一位王后则生了一位可爱的小公主。在小王子两岁的那年，他的母亲生病去世了，于是，他的父亲就将他送到了小公主所在的国家，请那里的国王和王后代为照顾。

小王子和小公主从小一起长大，两个人也成了非常要好的朋友。

看到小公主每天都和小王子一起玩耍，美丽的王后，也就是小公主的妈妈告诉她："孩子，你是女孩，对你来说，最重要的一件事，就是学会保护自己。"

小公主听了，甜甜地笑了，她对自己的母亲说："妈妈，您别担心，小王子哥哥说了，他会负责保护我的。小王子哥哥可厉害了，他会骑马，还会舞剑，有他在，您不用担心我的安全。"

但王后却这样回答女儿："孩子，你要牢牢地记住，永远别把希望寄托在别人身上，你应当学会自己保护自己，掌握了这项技能，你将会受益终身。"

为了让女儿学会保护自己，王后还给了小公主几条忠告：

1.任何人都不能随便摸你，尤其是小背心、小内裤覆盖的地方。

2.不要和异性一起去偏僻的地方。

3.不要和异性独处一室。

4.不要让别人随便亲吻你。

小公主听了母亲的话，天真地问道："妈妈，您说的异性和别人也包括小王子哥哥吗？他可是我最好的朋友，对我特别特别好，每当有什么好吃的、好玩的，他都会留给我，还经常跟我一起玩有趣的游戏，为什么我要提防他呢？"

王后摸了摸小公主的头，告诉她："是的，孩子，也包括小王子在内。我知道小王子是个好孩子，对你也非常友爱，可是女孩小心一些总不会出错的。"

小公主乖巧地点了点头，认真记住了妈妈的忠告，并努力按照妈妈说的去做。

时间过得飞快，转眼间，小王子和小公主都长大了。在小王子十五岁那年，他的父亲把他接回了自己的国家，让他学习如何管理国家，以便将来接任王位。

小王子走后，小公主非常思念他，便经常写信给他。在书信中，小公主经常告诉小王子自己读了什么书，又学会了什么新知识，国内发生了什么有趣的事情，她还鼓励王子多多加油，争取将来当一名优秀的国王。每次写完信，她会将信纸细心地折叠好，装进一只小布袋，然后把袋子绑在一只信鸽的腿上，接下来信鸽就会飞到小王子所在的国家，把信交给王子。小王子收到信之后，也会第一时间给小公主回信，并告诉她自己的一些情况。虽然相隔两国，但两个人的关系丝毫没有因为距离而疏远。

有一天，信鸽在半途受了伤，被迫停在一座山谷里休息。山谷里住着一位凶狠的巫师，他看到信鸽，就一把抓住它想要吃掉。这时候，巫师忽然在信鸽的腿上发现了小公主写给小王子的信，信里还夹着一张小公主的自画像。看到画像之后，巫师对美丽的公主产生了邪念，于是他模仿王子的口吻给公主写了一封回信，约她在王宫附近的森林里见面，他在信里写道："公主妹妹，我实在是太思念你了，所以悄悄跑出来跟你见面，请你务必一个人来赴约，也千万不要把这个秘密告诉任何人，否则，我一定会被父王责罚的。"

收到回信后，小公主很开心，因为她也太久没有见过小王子了。但是很快她就发现了不对劲，因为从小到大她从未跟王子一起去过偏僻的地方，王子对她也很尊重，从来不会约她去没有人烟的地方。可是这一次王子为什么要约她去空无一人的森林里见面呢？

这时候，公主想起了母亲对自己的忠告：不要和异性一起去偏僻的地方。于是，她思来想去，还是把这件事告诉了母亲。王后知道这件事后，便派了很多武艺高超的骑士护送公主去森林。巫师远远地看到公主带着骑士赶来，感到非常失望，他原本打算把公主单独骗出来，却没想到失算了。巫师担心自己打不过那些英勇的骑士，于是迅速地逃走了。

公主在森林里没有找到王子，感到非常失落。但她很快就释然了，她心想：王子也许是临时有事没能赶来，那就下次再见面吧。

巫师回到山洞后，很快又想出了一个恶毒的主意：他模仿公主的口吻写信给王子，把王子约到高山上见面，然后把王子关进了山洞里。接下来，巫师又把王子的手指头划破，取了他的鲜血，然后调制出一种魔幻药水，喝下药水后，巫师马上变得同王子一模一样了，此后，他便大摇大摆地来到了王子居住的王宫。

到王宫之后，巫师变的假王子悄悄毒死了国王，然后继承了王位。接下来，他便以王子的口吻写信给小公主，告诉她自己要娶她为妻。可是，小公主的父母，也就是邻国的国王与王后听说小王子的性情忽然间变得非常残暴，杀人不眨眼睛，坚决不同意将公主嫁给他。

娶不到美丽的公主，巫师又生气又失望，于是，他每天都会娶一位美丽的少女，第二天就将其杀掉，然后重新娶一位。

百姓们都怨声载道，国内的女孩们也惊慌不已，整个国家都笼罩在恐怖的氛围当中。

听说这些事情之后，小公主非常难过，她心想："小王子哥哥明明是一个善良的人，现在却变成了这样，太让人伤心了。我有责任去拯救他。不如我去见他，然后给他讲一讲我们过去的事情，也许能唤起他内心的爱与光明，让他再次变成一个好人。"

于是，小公主把自己的想法告诉了国王和王后，但他们不同意。他们对小公主说："女儿呀，这样做太冒险了，我们绝不能让你去做这么危险的事！"

但这一次，小公主却表现得无比坚定，她告诉父母：无论如何，自己都要去拯救王子，哪怕最后会被他杀死。看到小公主去意已决，王后叹了一口气，然后拿出了一个瓶子交给她，说："孩子，既然你一定要去，那我们也不阻拦你了。这个瓶子里有一千零一粒后悔药，如果你后悔了，马上吃下一粒药丸，然后你就能回到现在这个时刻。"

小公主点点头，将后悔药放进口袋，就出发去了邻国。见到王子后，她发现王子变了，虽然外表仍然英俊，但眼神却变得贪婪和凶残。假王子见到公主非常高兴，表示马上要娶她为妻，可是公主对他说："王子哥哥，现在的你让我觉得很陌生，你还记得吗？以前我们经常一起坐在皇宫的院子里数星星，听我母亲讲故事，那时候的你是多么纯真善良啊！除非你能找回自己的良知，否则我不会答应你的求婚。"

假王子假装答应了公主的要求，然后将她带回了宫殿。公主努力想要唤醒王子的心，让他变得像以前一样善良，于是她拼命给他讲以前的事情，可是巫师变的王子根本不想听，他只想伤害公主。夜晚到了，他把公主骗到了房间里，然后准备伤害她。觉察到危险后，公主连忙吞下了一颗后悔药。于是，她立刻回到了母亲身边。

但公主不死心，她仍然想着要拯救王子，于是她一次次来到假王子的身边，企图用各种方法唤醒他的良知。她给王子读过去两个人一起写的诗，给他讲故事、弹琴，陪他画画，唱歌给他听，还做了他最爱吃的食物，可是不管她怎么努力，假王子都只想伤害她。无奈之下，公主一次又一次地吃下了后悔药。

一千零一天过去了，公主的后悔药吃完了，她也对拯救王子彻底失望了。于是，她趁着夜色逃离了假王子的皇宫，骑着快马向自己的国家飞奔而去。

半路上，公主路过了一座山谷，忽然听到了熟悉的呼救声，她下了马，循声来到了一个山洞外面，发现有人正隔着铁窗大声喊救命。看到这幅情景，公主没有贸然再往前走，而是转过身骑上马，赶回了自己的国家。

第二天，公主命令士兵们来到了山谷里，看看到底发生了什么事。士兵们按照公主说的路线找到了山洞，救出了里面的人，然后将他带回了皇宫。国王和公主出来与那个困在山洞里的人相见，却发现这个人才是真正的王子。

见到王子，公主大吃一惊，王子则告诉了她自己被巫师囚禁在山洞里的真相。直到这时候，大家才弄明白原来做坏事的是巫师变的假王子！想到自己之前居然冒险待在假王子身边，苦口婆心劝他找回良知，公主觉得非常后怕：幸亏母亲给了她许许多多的后悔药，要不然还不知会发生什么可怕的事情呢！

不久后，公主的父王召集了全国的勇士，让他们跟随真正的王子一起回国夺回王位。在勇士们的帮助下，真王子杀死了假王子，然后当上了国王，并和公主举行了盛大的婚礼。

安全提示

1. 生命只有一次，任何威胁生命安全的事情都不值得尝试。

2. 如果有网友或者朋友约你见面，要委婉拒绝或者请爸爸妈妈陪你一同赴约。

3. 遇见奇怪的状况或者有人求救，不要为了满足自己的好奇心去一探究竟，尽快离开并及时报警，请警察去救人，千万不要因为好奇而身入险境。

4. 哪怕是最好的异性朋友，也要与之保持恰当的距离，不要跟他一起去偏远的地方或者独处一室，也不能让他随便亲吻和抚摸你。

5. 学会自己保护自己，不要把希望寄托在别人身上。

6. 永远不要幻想着拯救一个人渣，那只会将你拖入黑暗。

7. 世界上没有后悔药，凡事三思而后行。

11

匹诺曹与小仙女：

坏人是可以骗的

「智慧心语：有时候，骗人也是一种智慧。」

女儿：

我曾告诉你，做人要正直真诚，不能欺骗他人，要信守承诺，不可言而无信。但是凡事都有例外，那么，在什么情况下，我们可以不守承诺、不讲信用呢？这正是今天我要和你讨论的关键词——"例外"。

在我很小的时候，隔壁邻居家里来了一位保姆，印象中那是位长得很好看的大姐姐，梳着两条大辫子，很喜欢笑，一笑就露出一排整齐、洁白的牙齿。第一次看见她，我就对她产生了莫名的好感。小时候的我很孤独，爸爸妈妈工作都忙，因此放学之后，或者放假的时候，我就脖子上挂着一把钥匙到处乱窜，有时候也会跑到邻居家找那位保姆姐姐玩。她的工作是帮邻居家带孩子，同时打扫卫生、帮忙码货（邻居家是做生意的）、做饭等，可能她待在家中也很无聊，我去串门也能帮她解解闷，顺便照看一下邻居两岁的小宝宝，因此她倒不怎么排斥我去做客。

时间久了，我便和那位"邻居姐姐"熟悉了起来，也不避讳同她谈起家里的情况。得知我的爸爸妈妈工作都忙，平时也不怎么在家后，她提出要去我家做客，我当然是万分欢迎的，并且马上把她带到了家中。那天，她带着小宝宝陪我玩了许久，我也玩得十分开心。可是临走的时候，她对我说："我来你家做客的事是咱们俩之间的小秘密，你一定要帮我保守秘密，千万不能告诉别人，否则我就不跟你做好朋友了。"说完，她还要同我拉钩，要我保证不把秘密说出去。我虽然不解，但也很担心她不理我，因此便答应了。

第二天，你姥姥姥爷发现家里丢了钱，找了半天都没找到，最后只好作罢了。后来这样的事情又发生了第二次、第三次，家里的钱越丢越多，而且每次都发生在"邻居姐姐"来做客之后。你姥姥和姥爷不明就里，以为是我偷了家中的钱去买东西，因此还动手打了我。我也有点儿怀疑那位姐姐的到访跟家里丢钱有什么关系，但是因为跟她有过约定，我不敢说实话，因此守着这个"小秘密"，我心里委屈极了。

后来又有一天，那位姐姐又跑来做客，看到我家有个锁着的抽屉，她忽然问我家里有没有螺丝刀，说是要借回去修理东西，于是我好心帮她找来了爸爸的工具箱。这时候那位姐姐忽然掏出两元钱给我，要我去买两支雪糕跟她一起吃，于是我屁颠屁颠地跑去买雪糕了。我买回去后，她却说家里还有活儿要干，雪糕不吃了，要马上回去。就这样，两支雪糕都被我吞下了肚子。当时我还暗自高兴，觉得自己太走运了。

那天晚上，你姥姥姥爷下班回家，发现家里的抽屉锁被撬了。那个抽屉里锁着不少现金、一块上海牌手表，还有你姥姥的一根金项链和一对金耳环。这可把你姥姥姥爷给急坏了，他们连忙跑到派出所报了案。那天半夜，我们全家正在睡觉，忽然被剧烈的吵闹声给吵醒了，你姥爷跑出去查看，发现邻居一家抓着那位保姆不放，说她偷了很多东西，要趁着夜里逃走。于是，你姥爷和邻居大伯一起把那个保姆扭送到派出所。后来大家才知道，她不仅偷了邻居家的不少财物，还趁着我去买雪糕的空当撬了我家抽屉，偷走了抽屉里的现金、手表和首饰。

因为那件事，我被你姥姥姥爷狠批了一顿，他们骂我太傻，怎么能为小偷保守秘密呢？我也觉得自己太蠢了，居然跟坏人做起了朋友，还坚守着跟她的约定不松口。那次之后，我彻底想明白了：坏人既然选择了做坏事，那就没有人格可言，所以对于坏人，不必将他们当朋友，也绝不能为他们"保守秘密""遵守承诺"，跟他们绝对不能说真话，要放开胆子说假话，把他们要得团团转。想明白这点后，我再也没有为不善良的人保守过秘密，反倒是对不怀好意的人说过不少假话。

孩子，你要记住，坏人就是用来骗的，他们不配你献出真心，遵守诺言。接下来，让我们一起来听一个有关"例外"的故事吧。

　　小镇上，住着一位专门做玩具的老伯伯，老伯伯没有孩子，生活非常寂寞。有一天，老伯伯用木头做了一个可爱的男孩，并给他取名叫匹诺曹。

　　做完后，老伯伯对小木偶爱不释手，忍不住叹了口气说："唉！如果你是个真正的小孩，那该有多好啊！那我就让你做我的儿子！"

　　半夜里，怪事发生了，一位美丽的小仙女突然出现了。小仙女轻轻地对熟睡的老伯伯说："老伯伯，因为你曾经做过许多美丽可爱的玩具，为孩子们带来欢笑，因此，我会帮你实现愿望。"

　　小仙女将魔棒轻轻一点，匹诺曹站起来了，变成了一个真正的小男孩。小仙女对匹诺曹说："匹诺曹，从今往后你就是老伯伯的儿子了。刚刚从玩具王国来到人类世界，你可能还不太适应，不过没关系，我愿意当你的好朋友，告诉你怎样做一个诚实正直的好孩子！"

　　"谢谢你，很高兴认识你！"匹诺曹眨了眨眼睛，开心地说。

　　于是，匹诺曹开始在小仙女的指导下学习走路，他努力练习，终于在老伯伯起床之前学会了走路。老伯伯睡醒后，发现自己亲手做的木偶竟然变成了一个活蹦乱跳的小男孩，简直不敢相信眼前发生的一切，还以为自己是在做梦。等他弄清楚自己不是在做梦之后，立刻一把抱起匹诺曹，又唱又跳！

老伯伯很疼爱匹诺曹，不仅给他做了许多好吃的食物，还给他买了许多新衣服、做了许多新玩具。匹诺曹每天都过得很开心。可是有一天，老伯伯忽然对匹诺曹说："孩子，你不能天天待在家里，去学校上学，将来才会有出息。从明天起，你去学校念书吧！"

第二天，匹诺曹背着书包向学校走去。来到学校后，他发现读书一点儿都不好玩，他一个字都不认识，也听不懂老师在讲些什么，更不能玩玩具、乱蹦乱跳，因此他坐了一会儿就坐不住了，趁着老师不注意，悄悄溜掉了。

这时候，小仙女出现了，她悄悄跟在匹诺曹的身后，想看看他到底要去干什么。

匹诺曹走出校门后，忽然听见了隐隐约约的音乐声，他循着音乐声往前走，来到一个十字路口。那里有一个马戏团在演出，一会儿表演狮子钻火圈，一会儿表演猴子算数，一会儿表演小狗骑自行车，看上去热闹极了。匹诺曹忘记了自己已经变成了人类，以为自己仍然是一只会变戏法的小木偶，因此他大大方方走上舞台，跟小动物们一起表演了起来。有了匹诺曹的加入，表演变得异常精彩，观众不停地鼓掌喝彩，马戏团的主人赚了很多金币。

表演结束后，马戏团主人拿出糖果和饮料热情地招待了匹诺曹，并送给他五枚金币。匹诺曹把金币装进了口袋，开心地往自己家走去。他一开始想道：木匠爸爸对我那么好，我要拿金币给他买很多好吃的。可是这时候匹诺曹忽然想起自己是逃学去看的马戏，木匠爸爸知道了一定会很生气，因此他决定藏起金币慢慢花，骗木匠爸爸说自己放学了。

匹诺曹在马戏团表演时，一只狐狸盯上了他。后来看到马戏团主人给了匹诺曹金币，狐狸更是眼馋了。于是，它拍了拍匹诺曹的肩膀，告诉他："嗨，小家伙，想不想让你的金币变得更多？我教你一个办法，你把金币种在一个地方，它们就会生根发芽，长出满满一树的金币。"

匹诺曹相信了狐狸的话，于是跟着狐狸去山上种金币。可是狡猾的狐狸把匹诺曹骗到山上之后，不仅骗走了他的金币，还把匹诺曹吊到了树上。

这时候，美丽的小仙女出现了，她用魔法解开了匹诺曹身上的绳子，然后假装什么都不知道，问匹诺曹到底发生了什么事。

匹诺曹心想：我绝对不能说实话，不然会被小仙女骂的。于是，他开始编谎话，说自己只是在玩一个游戏。匹诺曹很有编故事的天赋，他编啊编，把故事编得天衣无缝，连他自己都快开始相信了。

可是就在匹诺曹说谎话的时候，他的鼻子开始一点点变长了，最后变成了大象鼻子那么长。

"哎呀，这是怎么回事呀，好可怕！"匹诺曹摸了摸自己的鼻子，吓得哇哇大哭起来。

美丽的小仙女捂着嘴笑了，说："匹诺曹，从你一走出学校我就跟在你身后，只是我用了隐身魔法，没人看见我而已。其实发生了什么事，我都一清二楚。你不仅逃学，还说谎，这可真是太糟糕了！我在你身上施了魔法，将来只要你说谎，鼻子就会变长。"

匹诺曹听了，非常害怕，大声说："救救我，不要再让我的鼻子变长了，我再也不敢说谎了。"听了匹诺曹的话，善良的小仙女帮他把鼻子变回了原样，并告诉他："匹诺曹，你要记住，以后要做个好孩子，绝对不能说谎。"

匹诺曹认真点点头，答应了小仙女。他决心再也不说谎了。

从此以后，匹诺曹不再贪玩，开始好好上学。

有一天放学后，匹诺曹遇见两个奇怪的叔叔，他们走过来主动跟匹诺曹聊天，说认识他的爸爸，改天要去拜访他的爸爸，两个叔叔还问了匹诺曹的姓名和家庭住址，以及一些其他的情况。

匹诺曹觉得两个叔叔不像好人，不想跟他们说真话，可是他答应过仙女不能说谎，所以就一五一十地回答了对方的问题。

几天后，匹诺曹回家的时候，发现爸爸被绑在客厅里，嘴里还被塞了一块毛巾。他还没反应过来，就被冲出来的两个蒙面人给按住了："乖乖待在这里不许动，否则你一定会后悔的！"对方大声呵斥匹诺曹。

　　匹诺曹觉得对方的声音有点熟悉，他仔细一想，恍然大悟：原来，这两个蒙面人就是那天跟自己搭讪的怪叔叔，都怪自己多嘴告诉了他们自己家的情况，结果害了木匠爸爸。匹诺曹后悔极了。

　　这时候，两个蒙面人又开始问匹诺曹："小家伙，快告诉我你们家的财宝都藏在哪里？你这个木匠老爸又臭又硬，就是不肯说，你赶紧告诉我们，否则我们就放一把火烧了这里！"

　　匹诺曹知道，木匠爸爸有一把金斧子，就埋在院子里，可是他不想对两个坏蛋说实话，但是又担心说了谎话鼻子会变长，所以非常为难，后来他下定了决心：鼻子要变长就变长吧，救人最重要！于是，他就告诉两个坏蛋："我爸爸在后院的地窖里放了很多金银珠宝，但是地窖很深，需要梯子，我帮你们找梯子。"

　　"这还差不多，那你快点儿！"两个坏蛋听了，高兴得手舞足蹈，他们马上跟匹诺曹来到了后院。

　　于是，匹诺曹帮助坏蛋们在地窖里放下了梯子，然后点燃火把，帮助坏蛋们照亮洞口，让他们走下地窖。等两个坏蛋下去后，匹诺曹迅速收回梯子，锁住了地窖的大门。就这样，两个坏家伙再也出不来了。

　　做完这些，匹诺曹赶紧跑到房子里，把木匠爸爸身上的绳子给松开了。

"谢谢你，小家伙，是你救了我。"木匠感激地说。

"不要客气，你是我爸爸，我当然要救你了。"匹诺曹说。

过了一会儿，匹诺曹忽然想起了自己的鼻子，赶紧摸了一下，发现自己的鼻子居然没有变长。

"这是怎么回事？"匹诺曹感觉很奇怪，自己刚才明明骗了两个坏人呀，怎么鼻子没有长长呢？是不是小仙女的魔法失效了呢？

这时候，小仙女出现了，她告诉匹诺曹："诚实是美好的品质，因此我们平时应当说真话，不要欺骗他人。不过有一个例外——坏人是可以骗的，欺骗坏人，保护自己和家人，是最聪明的做法，所以你的鼻子是不会长长的。"

原来如此，匹诺曹听了仙女的话，心里美滋滋的，他决定，以后要发挥自己编故事的天赋，把坏人都骗得团团转。

后来，匹诺曹就开始大胆地骗坏人了。他一个人出门的时候，如果遇见别人来搭讪，他就会撒谎，故意说自己的爸爸就在附近，这样，别人就不敢打他的坏主意了！

有一天，有几个坏人听说匹诺曹的爸爸有一把金斧子，就把匹诺曹给绑架了，想借此威胁匹诺曹的爸爸交出金斧子。匹诺曹被坏人关在仓库里，手脚被绑得严严实实，嘴也被胶带粘住了，他感到非常绝望。这时候，小仙女出现了，她帮匹诺曹撕下了嘴上的胶带。

匹诺曹看到小仙女后很激动，连忙说："是你，快救救我！"

小仙女说："匹诺曹，我帮不了你，你只能靠自己。我相信你是个聪明的孩子，快动动脑筋想想怎么自救吧！"

这时候，坏人回来了，小仙女马上消失了。匹诺曹眼睛一转，忽然想出了一个办法。于是，他对坏人说："大叔，我昨天听你们说想拿我去换我爸爸的金斧子，这是不可能的。"

"为什么？"坏人粗声质问他。

"哎呀，因为我根本就不是木匠的亲儿子，我是他的养子，你可以去街坊那里打听打听，我是两年前才来到木匠家的，木匠根本不喜欢我。而他非常珍爱自己的金斧子，怎么会拿它来换我的命呢？不如这样吧，我知道他的金斧子藏在哪里，我带你去偷吧！"匹诺曹对坏人说。

坏人听了，觉得这是个好办法，于是马上答应了。他本来想等其他几个同伙回来后一起行动，可是匹诺曹说："大叔，现在就你一个人知道这个秘密，不如这样，我带你一个人去，到时候挖出了金斧子，就是你一个人的了，你把斧子卖掉，肯定能发大财。不然等他们回来了，你可就不能一个人独享了。"

听了匹诺曹的话，坏人觉得是个好主意，于是就把匹诺曹身上的绳子解开了，带着他去挖斧子。来到大街上之后，匹诺曹看到路边有人在卖瓷器，就使劲儿冲上前，把对方的瓷器都打烂了。这样一来，卖瓷器的人就拉住匹诺曹和坏人不放，要他们赔自己的瓷器，匹诺曹趁机大喊："救命呀，这个人是绑匪，请救救我！"最后他终于获救了。

获救之后，匹诺曹摸了摸自己的鼻子，发现它仍然一点儿都没变长。这时候，他又看见了小仙女，小仙女穿着美丽的彩虹裙子站在白云里，给匹诺曹点了一个大大的赞，匹诺曹也自豪地大笑起来。

安全提示

1. 对家人、老师和朋友，一定要诚实正直，实话实说。但是，遇到不怀好意的人或者遇到危险，那就可以随机应变，用假话来保护自己。

2. 如果遇见不熟悉的人或者陌生人询问你的姓名、家庭住址、父母信息，不要搭理对方，必要的时候，可以乱说。

3. 如果是独自一人，遇到危险的时候，要随机应变，可以告诉对方，你的爸爸妈妈就在附近，这样坏人就不敢轻举妄动了。

4. 不要相信陌生人的话，更不能跟着他们走。

5. 被坏人控制时可以找机会打坏别人的财物，或者路边摊上的商品，这样别人就会抓住你索赔，此时就可以趁机求救了。

6. 遇险的时候可以大胆编故事欺骗坏人，但要记得自圆其谎，不要激怒坏人，以确保自身安全。

12

天上掉下个林妹妹：

对待亲戚、熟人需谨慎

「智慧心语：熟人，并不等于"可以信赖的人"。」

女儿：

这几天你一直在生妈妈的气。上周末于叔叔带着琳琳来我们家做客，说小长假自己打算带琳琳去上海迪士尼玩，还邀请我们同去。妈妈知道你很想去，可是小长假期间爸爸要加班，你姥爷骨折了，妈妈要去照顾，不方便安排去上海的行程。得知我们没时间后，于叔叔说他可以带着你和琳琳一起去，还保证会把你照顾好，但是妈妈找借口拒绝了。

于叔叔和琳琳走后，你和我大吵了一架。当时你对我说："妈妈，我知道你这么做是为了我的安全着想，可于叔叔又不是别人，他是爸爸和你的好朋友，琳琳也是我的好朋友，我怎么就不能跟着于叔叔去上海呢？妈妈你怎么这么不相信别人呢，总是把人想象得那么坏。于叔叔他明明是个好人，如果他知道你在防着他，该有多伤心啊！"

孩子，妈妈今天给你写这封信，就是想给你解释一下我为什么这样做，并与你讨论一下"熟人"这个关键词。妈妈在这里所说的"熟人"，是指我们熟悉的那些人，包括我们的邻居、亲戚、朋友等，在他们当中，绝大部分甚至全部都是好人，但是假如有那么万分之一的可能，其中出现一个坏人，而我们因为跟对方熟悉就对其放松了警惕，那么结局是不可预知的。警方曾经做过一个统计，根据统计数据，在儿童受侵害的案件中，70%的侵害者是儿童或家庭的熟人。无数血的教训告诉我们：熟人，的的确确就是伤害孩子的一个重要危险源！所以，作为妈妈，本着对你负责的态度，我不敢有一丝大意，因为妈妈有着和你同样的性别，在长大的过程中，我深感一个女孩可能要面临更多的危险，此时小心一点儿、谨慎一点儿，绝对是利大于弊的。

也许你会说，对熟人保持警惕没有错，但是也要分人啊，像于叔叔这样的好人就不用对人家防来防去了吧，这么做好像有一点儿以小人之心度君子之腹，人家根本没有害你的意思，你却一直拒绝别人的好意，是不是有点儿太小心眼了？其实呀，妈妈拒绝于叔叔的提议，并不意味着对他人品的否定。于叔叔的确是个好人，我还记得你是在预产期之前一个月出生的，当时妈妈尚未做好生产准备，没想到羊水忽然破了，你爸爸正在外地出差，姥姥姥爷也去内蒙古旅行了，妈妈吓坏了，一时间手足无措，幸好你爸爸马上打电话给于叔叔，他和琳琳的妈妈第一时间把我送到医院，忙前忙后帮我拿物品、办手续，我才能平安生下你。爸爸妈妈一辈子感激他们。可是既然这样，我为什么还是不让你跟着于叔叔一起去上海呢？

因为妈妈觉得，于叔叔是好人，我们信任于叔叔，可是假如你在将来遇见形象或者气质跟于叔叔相似的人，可能就会本能地将其归入"好人"这个类别，但人的判断有时是会出现偏差的，假如出现了误判而没有事先做好防范，也许就会让自己陷入危险当中。并且，如果我们每做一件事情都要分析眼前的人是好人还是坏人，然后再决定自己的行为，那将会是很累的一件事，也难免出现失误。所以，还不如掌握一些通用的安全行为准则，比如不跟异性独处一室，不随便跟熟人去陌生的地方，等等，这样遇见事情就可以把安全行为准则套进去，迅速做出相对安全的决定，省时又省力，何乐而不为呢？

在未来的日子里，也许你会遇到很多类似的情况，比如堂哥约你去家里看漫画书，刚好叔叔婶婶都不在家；或者你放学后没有带钥匙，邻居家的叔叔阿姨提出带你出去玩一会儿；又或者你一个人在家的时候，爸爸妈妈的朋友忽然来敲门。此时就需要遵守安全行为准则，做出对自己负责的选择。这样做，完全是对事不对人，也不意味着对这些人的恶意揣测。有句老话，"害人之心不可有，防人之心不可无"，说的就是这个道理。

孩子，在这里妈妈送给你一句话：做事要大胆，做人要小心。在将来的日子里，妈妈希望你能放手发挥能力，施展才华，绽放出属于自己的精彩；但在人身安全方面，一定要小心谨慎。

我们要相信世界的美好与光明，去发现更多美好；也要看到世界的黑暗面，对环境保持警惕。好了，让我们来听一个关于“熟人”的故事，并总结一下与熟人交往的安全行为准则吧。

　　"茜茜，不早了，该睡觉了！"妈妈喊道。

　　此时茜茜正坐在电视机前，津津有味地观看电视剧《红楼梦》呢！听见妈妈喊自己，茜茜恋恋不舍地关掉了电视机，然后走进洗手间洗脸刷牙。她一面洗刷，一面跟妈妈念叨："妈妈，《红楼梦》里的林妹妹怎么那么爱哭啊，动不动就落眼泪！如果我是她，每天待在大观园里，有那么多好吃的、好玩的，还有许多好朋友，大家一起吃喝玩乐，我不知道会有多开心呢！"

　　"你都多大了，怎么还想着吃喝玩乐，赶紧洗洗睡觉吧，别唠叨啦！"妈妈点了点茜茜的额头，嗔怪地说。

　　洗漱完，茜茜不情不愿地来到卧室里，躺到自己的小床上。忽然间，她觉得小床上出现了一个大洞，自己一下子掉了进去，然后越掉越深，越掉越深……她张开嘴想喊救命，可是眼皮困得打架，嘴巴也发不出任何声音来……

　　不知道过了多久，茜茜醒了，忽然发现自己根本不在自家卧室，而是在一个古色古香的漂亮房间里，房间里的摆设跟电视剧《红楼梦》里的陈设差不多。茜茜正在疑惑，忽然有一位穿古装的中年女人走了进来，对她说："小姐，快起来梳妆打扮吧，今天还要跟贾雨村老师上课呢。"

"你叫谁小姐呀？还有你是谁啊？"茜茜彻底迷惑了。

"你这孩子，是不是睡迷糊了，连自己是谁都忘了！你是林府的黛玉小姐，我是你的奶妈王嬷嬷。快点起来醒醒神，一会儿会有小丫鬟过来服侍你梳妆打扮。"王嬷嬷说完就转身离开了。

什么？我居然变成了《红楼梦》里的林黛玉！这真是太不可思议了！茜茜震惊地张大了嘴巴。这时候，房间里出现了一只七彩的大蝴蝶，蝴蝶飞到茜茜身边，忽然开口说话了："欢迎来到红楼梦境，我是时光蝴蝶。现在你不再是茜茜，而是美丽的林黛玉小姐。"

"真不敢相信，我居然真的变成了林妹妹，这可真是太神奇了！这下，我可以好好吃喝玩乐了。可是，什么时候我才能变回茜茜啊？"

"如果你想回到现实世界，就要通过'红楼梦安全闯关测试'。请记住几个原则：第一，男女有别，关系再好，也要跟异性保持距离，不能让对方碰触你的私密部位，也就是小背心、小内裤覆盖的地方，别人不可以随便抱你、抚摸和亲吻你；第二，尽量避免跟异性独处一室超过三十分钟，如果发生这种情况，要尽快找借口离开；第三，去别人家里做客时，如果只有异性的长辈在家，应当尽快告辞；第四，熟人单独带你出去玩的时候一定要小心，尤其是去偏僻而陌生的地方。你都记住了吗？"

"记住了！我先去红楼梦世界里游玩一遭，等我玩够了再回到自己的世界。你放心吧，总有一天我会顺利通过测试，回到爸爸妈妈身边的。"茜茜对蝴蝶说。

就这样，茜茜变的林黛玉梳妆打扮，吃完早餐之后，就跟着贾雨村老师上课了。贾雨村是位男老师，上课的时候，房间里只有黛玉和贾雨村两个人，黛玉觉得有点不对劲，她忽然想起了时光蝴蝶说过，要尽量避免跟异性独处一室，于是她连忙站起身，打开房门把小丫鬟雪雁喊了进来，还找了个借口，说让雪雁也听一听老师讲的课，好学点知识，不当睁眼瞎。

过了一段时间，林黛玉的母亲去世了，贾府里的老太太，也就是林黛玉的外祖母便派人来接她。就这样，茜茜变的林妹妹离开了苏州，来到了金陵的贾府，见到了贾母、宝玉和王熙凤等人。贾府修建得富丽堂皇，里面的生活也过得非常讲究，吃的、用的都是最好的。在那儿，茜茜大开眼界，把好吃的、好玩的都见识了个遍。茜茜的性格很开朗，也不像书中的林黛玉那样爱哭爱闹爱耍小性子，因此大家都很喜欢这位林妹妹，她不仅跟宝玉成了好朋友，还跟迎春、探春、惜春和宝钗等人打成了一片，跟丫鬟们也都相处得非常愉快。

最开始，贾母安排林妹妹和宝玉住在同一个房间、睡在同一张床上，但林妹妹觉得，宝哥哥人虽然很好，可毕竟是男孩，男女有别，男孩和女孩睡在一张床上是不合适的，而且每个人都有隐私，住在同一个房间，换衣服洗澡什么的都不方便，个人的隐私也得不到保障。于是她便跟贾母撒娇，非要跟着贾母睡。老太太心疼林妹妹小小年纪便失去了母亲，便同意了她的请求。后来，大观园修建好了，宝玉和众姐妹都搬进了大观园居住，林妹妹这才拥有了自己独立的住所，也就是潇湘馆。

宝哥哥是个很和气的人，对林妹妹也非常疼爱，有什么好吃的、好玩的总是第一时间想到她，还经常对她嘘寒问暖。但是，这位宝哥哥有一个缺点，那就是举止太随意，缺乏分寸感。有时候林妹妹还在睡觉，他就随便闯进她的卧室，高兴的时候还会对她动手动脚，捏捏她的胳膊，掐掐她的脖子，这让林妹妹觉得很苦恼。

经过一番深思，林妹妹郑重其事地告诉宝玉："宝哥哥，我是女孩，你是男孩，男女有别，你应当学会尊重我，进我房门的时候一定要学会敲门，没有经过我的允许绝不可以碰触我的身体，否则我以后就不理你了！"

宝玉听了，虽然很不理解，但他最害怕的就是林妹妹生气，不理自己，因此他郑重地答应了林妹妹的要求，并在林妹妹的监督下改掉了举止随意的坏习惯。在两个人玩闹的时候也会保持分寸。

有一天，林妹妹去拜访舅舅贾赦和舅母邢夫人，恰好只有贾赦一个人在家，邢夫人出门访客去了。贾赦对黛玉十分热情，非要留她吃饭，还让仆人们准备了丰盛的午餐。但是林妹妹想起了时光蝴蝶的第三条忠告，而且她也知道贾赦这位舅舅的品行不怎么好，喜欢占小姑娘们的便宜，于是再三推辞。但舅舅却不允许，他说："外甥女呀，我平时难得见上你一面，想不到你已经变成大姑娘了，出落得更漂亮了。我让厨房准备了丰盛的午餐，你就在舅舅这儿好好吃顿饭，顺便陪舅舅聊聊天。"

林妹妹听了，也不好强行离开，可是为了自己的安全考虑，她还是悄悄让丫鬟紫鹃赶回去请宝玉过来一起吃饭。不一会儿，宝玉就带着紫鹃赶到了。看到宝玉，贾赦只好让他留下一起用餐。就这样，林妹妹和宝玉一起在贾赦那里吃完了饭，有说有笑地回到了大观园中。

茜茜版的林妹妹性格直爽，也很贪玩，跟憨厚大气的史湘云很对脾气，两人很快成为了最好的朋友。有一天，史湘云忽然悄悄地把林妹妹拉到了一旁，问她："一会儿带你去个好玩的地方。你要不要去？"

"去哪里，去哪里？"林妹妹问湘云。

"天天待在大观园里都待腻了，待会儿咱俩悄悄溜出去逛街吧，逛完了街，我带你去个好地方吃烤鹿肉，去不去？"

"当然去，我都在园子里待腻了，早就想出去玩儿了！"

原来，自从变成林黛玉之后，茜茜不是待在林府，就是待在贾府，虽然每天过着锦衣玉食的生活，衣来伸手、饭来张口，却不能去外面玩耍，这可把她闷坏了，她早就想溜出去玩个够，看看古代的街景了。这次刚好湘云约她一起溜出去玩儿，她简直求之不得。

就这样，两个女孩悄悄溜了出去，她们逛了庙会，买了许多胭脂香粉，玩得开心极了。不知不觉间，黄昏降临了，林妹妹见时间不早了，便打算拉着史湘云溜回贾府。

可是史湘云却不干，她说："我还没玩尽兴呢！不是说好了一起去吃烤鹿肉吗？吃完再回去呀！"

"去哪里吃呀？"林妹妹问湘云。

"你就别管啦，跟我来吧！"湘云说道。

就这样，湘云拉着林妹妹七拐八拐，来到了一条小巷子里，巷子的深处有一座宅院，院子外面是朱漆大门，湘云跑过去就准备敲门。

"哎，你先别敲门，你还没告诉我这是哪里呢？"林妹妹有点儿不安，连忙问湘云。

"这里是我表哥家，他邀请我来吃烤鹿肉，我就把你带来了，够意思吧！"湘云得意地说。

这时候，林妹妹忽然想起了时光蝴蝶说的话："熟人单独带你出去玩儿的时候一定要小心，尤其是去偏僻而陌生的地方。"

于是她连忙后退了几步，对湘云说："咱们两个女孩来这么偏僻的地方太危险了，要是出了什么事，求救都不会有人听到。我看这烤鹿肉还是别吃了，咱们赶紧回去吧，再晚了我怕出什么事。"

湘云当然不肯乖乖跟着林妹妹回去，但林妹妹半拖半拽，终于把她拖回了大观园。回到住处潇湘馆的时候，林妹妹简直累坏了，躺在床上一动都不想动，她心想：幸亏今天没有跟着湘云走进那个大门，要不然还不一定会遭遇什么危险呢！以后我可得小心了，绝对不能随便跟着别人去陌生的地方了……

不知不觉中，林妹妹睡了过去。梦中她又看见了那只七彩的时光蝴蝶，蝴蝶舒展着绚丽的翅膀对她说："恭喜你，你已经顺利通过了红楼梦里的安全测试，是时候送你回到现实世界了。希望你在现实世界也能保护好自己，永远平安快乐。再见！"

跟蝴蝶道别之后，林妹妹感觉自己的身体飘浮了起来，然后一直上升。不知道过了过久，林妹妹睁开了眼睛，发现自己又变回了茜茜，正躺在自己房间里的小床上。她高兴地一骨碌从床上爬了起来，然后兴奋地冲到了客厅，大声喊道："爸爸，妈妈，我回来啦，你们想我了没有？"

"一大清早喊什么呢？又做了什么梦这么开心？"妈妈睡眼惺忪地从卧室里走了出来。原来，现实世界的时间刚刚过去了一夜。

　　茜茜原本迫不及待地想要同妈妈分享自己的奇幻旅行，但她现在她改变主意了，决定将秘密珍藏起来。于是，她微笑着对妈妈说："妈妈，我决定不当林黛玉了，还是做茜茜的感觉最好。"

　　"你这孩子，看《红楼梦》看多了吧？张口闭口都是林黛玉。"妈妈摸摸她的脑袋，然后转身走进厨房，去为茜茜准备她最爱吃的爱心早餐了。

安全提示

1.男女有别，关系再好，也要跟异性保持距离，不能随便让别人抱你、抚摸和亲吻你，更不能让对方碰触你的私密部位，也就是小背心、小内裤覆盖的地方。

2.尽量避免跟异性独处一室超过三十分钟，如果发生这种情况，要尽快找借口离开。

3.去别人家里做客时，如果只有异性的长辈在家，应当尽快告辞。

4.熟人单独带你出去玩的时候一定要小心，尤其是去偏僻而陌生的地方。最好把情况告知爸爸妈妈，并请他们陪同。

5.如果有人轻慢你，一定要郑重抗议，而不是碍于面子默默忍受。

6.与异性相处，保持分寸感是十分重要的。

13

被诅咒的玫瑰公主：

女孩如何防性侵

「智慧心语：学会自我保护，命运也就掌握在自
己的手中。」

女儿：

　　今天的话题其实我很不愿意对你谈起。如果让我选择，我更愿意跟你聊一聊春花秋月、诗词歌赋，以及生活中那些美好的点滴。而不是一本正经地同你讨论"性侵"是什么，女孩应当如何防性侵。可是，即便我们刻意避过，不去讨论这个话题，性侵依然每天都在发生，这就好比有人偷走了马路上的窨井盖，哪怕我们不低头看路，只是抬着头仰望星空和云朵，那些窨井盖也是回不来的，我们的回避和不屑只会让自己更加危险，增大掉进下水道的概率。所以，哪怕"性侵"这个话题格外沉重，我们还是得花点儿心思来关注它、防范它。

　　孩子，我曾告诉你，这个世界充满爱与美，但也充满着各种各样的危险。这世界之所以危险，是因为在我们的周围隐藏着一小部分坏人，他们思想中的恶，以及可能使用的残酷手段，都远远超乎我们的想象。正因为如此，我们必须对自己负责，采取一系列的措施来保护自己，防范坏人。俗话说，君子防未然，有了精神上的准备和完善的应对方案，当危险来袭的时候，我们才能临危不乱，最大限度地保障自己的安全。

侵害包括很多种，今天我们要关注的是性侵害。所谓"性侵害"，是指加害者以威胁、权力、暴力、金钱或甜言蜜语，引诱胁迫他人与其发生性关系，或在性方面造成对受害人的伤害的行为。它分为以下几种类型。

1. 诱惑型性侵害。这是指加害人利用受害人追求享乐、贪图钱财的心理，诱惑受害人而使其受到的性侵害。比如，有个女生很喜欢打扮，但她没有钱买新衣服和包包，这时候有人以金钱来诱惑她，给她钱用，或者为她购买各种各样的衣物饰品，然后借机侵害她，这便是诱惑型性侵害。

2. 胁迫型性侵害。这是指加害人利用自己的权势、地位、职务之便，对有求于自己的受害人加以利诱或威胁，强迫受害人与其发生性行为。比如，一个女孩考试不及格，害怕父母责骂，老师了解到她的心态后告诉她，如果她愿意跟自己发生性行为，就帮她修改成绩，让她拿高分，女孩太想考试及格，于是便同意了，这就是胁迫型性侵害。

3. 社交型性侵害。这种侵害大多发生在熟人之间，包括亲戚、朋友、同学等。比如有女孩参加聚会，不小心喝醉酒，此时有朋友借机侵害她，这便是社交型性侵害。

4. 滋扰型性侵害，包括有人故意在公共场合猥亵女孩，或者暴露生殖器官、言语挑逗调戏女孩等。比如在乘坐公交车的时候，有人趁着拥挤故意碰触女生的隐私部位，这就属于滋扰型性侵害。

不管是哪种性侵，发生后都会给受害人带来巨大的身心伤害，因此必须加以重视，提前防范。事实上，性侵不是一下子就发生了的，而是在发生之前都有一定的苗头和征兆，或者说，我们能提前发现许多细小的线索，此时如果能够第一时间采取措施，是可以有效对其进行防范的。因此我们要做的，是在自己的心中筑下一道防火墙，在大脑里设置一个"自动报警系统"，一旦发现不对劲，脑海中立刻会有警报响起，此时我们就可以迅速行动，有效规避风险。

那么，我们应该在哪些情况下拉响大脑里的警报呢？在下面的这个故事中将会详细地讲到。

在很久很久以前，有一位国王和他的王后一直没有孩子，为此他们非常伤心、苦恼。王后是个善良的人，也很喜欢小动物，所以她经常提着满篮子的食物去森林里喂那些小动物，许多鸟儿、鱼儿、白兔、松鼠和驯鹿都吃过她给的食物。看着小动物们专心吃食的样子，王后感到很欣慰，她感叹说："如果我能生个女儿那该有多好，那我就能带她来看这些可爱的小动物了。"

有一天，一只百灵鸟在吃完王后给的面包屑后忽然开口说话了，它说："美丽善良的王后，你的愿望很快就会实现了，你将生下一个漂亮的女儿。"王后听了，半信半疑，对百灵鸟的话充满了期待。

果然，一段时间以后，王后真的怀孕了，并顺利生下了一个女儿。她给女儿取名为"玫瑰"。她对襁褓中的女儿说："我希望你美丽且带刺，既要恣意绽放，又要保护好自己。"

王后生下玫瑰后，国王开心极了，他决定举办一场盛大的宴会来庆祝女儿的出生。于是，他大摆宴席，不仅邀请了所有的亲友、大臣和许多外宾，还请来了全国的女巫来为玫瑰公主送祝福。整个国家一共有十三位女巫，但王宫里只有十二套纯金餐具，因此国王只邀请了十二位女巫。

宴会开始后，每位来宾都为公主送上了自己精心准备的礼物。女巫们也开始为玫瑰公主奉送祝福，她们分别送给公主美德、美貌、富有、勇敢、坚强、智慧……她们以祝福咒语的形式将世人所希望得到的优点和好品质都送给了公主。

当第十一位女巫刚刚说完自己的祝福之后，第十三位女巫，也就是唯一没有被邀请的那位女巫忽然闯进大厅。她对自己没有被邀请感到非常愤怒，发誓要报复国王，为公主下一道最恶毒的诅咒。于是，她大声说道："公主长大后会遭受性侵，然后悲伤地死去。"说完，她就变成一缕烟雾消失了。

听完这句话，现场炸开了锅，所有人都大惊失色。国王气得差点吐血，王后也险些晕倒在地。人们都觉得第十三位女巫简直太可怕了，居然会对一个小婴儿说出如此恶毒的诅咒。

所幸第十二位女巫还没来得及献上自己的祝福，因此她走上前吻了吻公主的小手，大声说道："将来，也许公主会遭遇不怀好意、试图对她进行性侵的人，但她会凭借自己的智慧化险为夷，躲过灾难，过上美好的生活。"

虽然第十二位女巫献上了自己的祝福，但国王和王后还是忐忑不安，因为他们不知道，究竟哪位女巫的法力更强，说出的咒语更能够应验。为了不让公主遭受厄运，国王决定将她层层保护起来，他将王宫里的守卫数量增加了几倍，同时不让公主接触一切有可能伤害她的男性，还派了几名女士兵寸步不离地保护公主。

随着时间的流逝，前十一位女巫的祝福都在公主身上应验了：她聪明美丽，性格温柔，举止优雅，人见人爱。可是，因为父亲对她过度保护，她很难接触到外面的世界，这使她对王宫外面的世界产生了无尽的向往，她总想悄悄溜出去玩耍。国王怕公主跑丢，便决定建一座玻璃宫殿，然后将公主锁在宫殿里，以保证她的安全。

但王后是个有智慧的人，她对国王说："我们不能这样做，如果我们将玫瑰锁起来，让她同世界永远隔绝，那么她跟一个囚犯有什么区别？而且我们总有一天会老去，不可能保护她一辈子，我们必须让她学会自我保护，去躲避可能发生的伤害。"

国王觉得王后说得有道理，于是放弃了建宫殿锁住玫瑰的想法，并允许她适度同外界接触，并在母亲的指导下学习自我保护。

王后问玫瑰："你很向往外面的世界，对吗？"

"是的，妈妈。我渴望走出王宫，去看更多美丽的风景，认识更多有趣的人。"玫瑰公主对母亲说。

王后告诉她："孩子，你的想法非常好。不过，外面的世界虽然美好，但也暗藏危险，你将来会接触到许许多多的人，他们当中绝大多数是好人，不过也有一小部分坏人。因此，在走出王宫，拥抱世界之前，你首先要学习一堂自我保护的课程。当你掌握好安全知识之后，才可以离开父母去闯荡世界。"

听了母亲的话，玫瑰觉得很有道理，欣然接受了母亲的建议。

接下来，王后问了玫瑰一个问题："孩子，你知不知道坏人都长什么样？"

玫瑰想了想，告诉母亲："坏人肯定都长得很凶恶，他们也许是红眼睛、尖牙齿，而且会喷火，就连笑容也很可怕。"

"不，孩子，现实生活中的坏人可不是长这样的，"王后对玫瑰说，"在现实生活中，坏人有可能看上去并不坏，甚至长得很面善，有着和蔼的笑容和友善的举动，让你感觉到很可靠、很放心，但实际上，在他们善良的外表下却隐藏着一颗最肮脏最黑暗的心。"

"哇，那也太可怕了！"玫瑰感叹道，接着她又好奇地问，"如果是这样，我怎么能看出一个人是不是坏人呢？"

"单从外表上，是看不出一个人的好坏的。所以你需要记住，除了最爱你的父母，任何人都有可能是坏人。因此你的大脑要学会报警，在危险来临之时，及时拉响警报，并采取一些自护措施，你就能保证自己的安全了。"王后告诉玫瑰。

而在教授玫瑰安全秘诀之前，王后先教她认识了自己的隐私部位。她告诉玫瑰："对男生来说，生殖器官和屁股是隐私部位；对女生来说，生殖器官、屁股和乳房是隐私部位。任何时候，你都必须保护自己的隐私部位，不要在别人面前暴露它们，也不能让别人碰触这些部位。"

接下来，王后又告诉玫瑰，什么时候应该让大脑拉响警报。

第一种情况：有人要看你的隐私部位，或者让你看他的隐私部位，或者给你看一些暴露隐私部位的图片时。

第二种情况：有人谈论隐私部位时。

第三种情况：有人触碰你的隐私部位，或者让你触碰他的隐私部位时。

第四种情况：单独与他人，尤其是与异性待在一起的时候。

第五种情况：有人亲吻你、拥抱你、抚摸你或者背你的时候。

王后告诉玫瑰公主：如果发生上述五种情况中的任何一种，

都要提高警惕，或者找机会逃走，或者向他人求助，第一时间抢占先机来保护自己，而不是等到危险发生后再追悔莫及。尤其是在跟异性独处的时候，绝不能吃对方给的东西，要赶快转移到人多的地方去。

玫瑰认真记住了母亲的话。到了晚上，当保姆丽莎来帮助玫瑰洗澡睡觉的时候，玫瑰拒绝了，她对丽莎说："你绝对不可以碰我的隐私部位，也不可以偷看。这是很危险的！"丽莎哭笑不得，只好让玫瑰自己洗澡，结果玫瑰把浴室里弄得一塌糊涂，还差点儿滑倒。

第二天，调皮的玫瑰爬到树上摘果子，结果不小心摔了下来，王宫里的医生丹利立刻赶来为她检查身体，结果也被她拒绝了。她说："你不可以看我的隐私部位，绝对不可以！"丽莎和医生没办法，只好请来了王后。

王后对玫瑰说："看来我们需要列一张'照顾者名单'，名单上的人在特定情况下是可以看或者碰触你的隐私部位的。"

于是，在母亲的帮助下，玫瑰在"照顾者名单"上写下了几个名字，其中包括祖母、外祖母、父亲、母亲和保姆丽莎，以及保健医生丹利。这些人在特殊情况下是可以查看和碰触玫瑰的身体的，比如隐私部位受伤或者帮忙清洗隐私部位的时候，其中医生丹利只有在玫瑰的父母在场，且玫瑰需要检查身体或者治疗伤情的时候才能查看和碰触玫瑰的隐私部位。

又过了一段时间，玫瑰的姨妈苏珊来王宫做客，苏珊姨妈很喜欢玫瑰，玫瑰也喜欢美丽温柔的苏珊姨妈。有一次，两人在一起玩游戏，玩得正开心，忽然苏珊姨妈在玫瑰的额头上吻了一下，还准备给她一个大大的拥抱。但玫瑰马上拒绝了，她对苏珊姨妈说："你不可以亲吻和拥抱我，妈妈说了，这样很危险！"

苏珊姨妈听了，非常伤心。玫瑰看到姨妈受伤的样子，心里也很难过。于是她问王后："妈妈，我很喜欢苏珊姨妈，姨妈也很疼爱我，为什么她不可以亲吻和拥抱我？"

王后听了，告诉玫瑰："看来我们还要做一个爱心圈，把你喜欢的、信任的人放进来，这些人是可以亲吻和拥抱你的，你看可以吗？"

"太好了！"玫瑰开心地跳了起来，于是她和妈妈一起做了一个爱心圈，把苏珊姨妈、朱迪姑妈，还有自己的好朋友露西、丹妮，以及祖父、祖母、表姐等人全都放了进去。玫瑰很爱这些人，也希望给他们一个大大的拥抱，因此做好爱心圈之后，玫瑰开心极了，因为她又可以尽情享受这些亲人和朋友的爱与关心了。

就这样，在王后的指导下，玫瑰学习了许多自我保护知识，现在的她，不仅知道不吃陌生人给的食物，不喝陌生人给的饮料，还知道适度防范熟人。

而随着她一天天长大，她越来越渴望接触更大的世界，去交更多的朋友。于是，王后把她送到学校去上学。在上学之前，王后再三叮嘱玫瑰："孩子，如果有人试图触摸你的隐私部位，一定要大声说'不'，并及时把事情告诉父母，不要一个人去偏僻的地方，如果是在人多的地方遭遇骚扰，可以大声求救。你听明白了吗？"

"明白啦！放心吧，妈妈！"玫瑰信心满满地回答道。

就这样，玫瑰带着父母的祝福走进了学校。她很好学，每一门课都能拿到好成绩，与此同时，她还交到了很多好朋友。在学校里，她生活得非常快乐。虽然偶尔也会遇到一些不怀好意的人，但玫瑰总是用母亲教的安全知识来保护自己，及时预防和避免了危险的发生。

时光飞逝，玫瑰转眼十八岁了，她在一次舞会上遇见了一位英俊的王子。王子在看到玫瑰的第一眼就爱上了她，于是他在郊外为玫瑰建造了一座美丽的城堡，还在城堡里摆满了大朵的玫瑰花，并写信邀请玫瑰在城堡里单独见面，因为他打算在那儿向玫瑰求婚。

玫瑰的好朋友露西对她说："美丽的城堡、无数的玫瑰花，还有英俊的王子和钻戒，这是每一位女孩梦想中的求婚场景！我建议你早点儿赴约，然后穿上最华丽的裙子，效仿睡美人躺在古堡里假装睡觉，等王子出现后，他一定会亲吻你，你再醒来，接受王子的求婚。听上去是不是很浪漫？"

但玫瑰却说："听上去浪漫的事往往隐藏着不为人知的危险。古堡修建在荒无人烟的郊外，独自去那儿赴约实在是太危险了。而且我还不打算接受这位王子的求婚，因为我还不确定自己是不是爱他，也不知道他英俊的外表下是否有一颗同样美好的心，这一切都需要时间来验证。因此我决定放弃赴约。"

露西很惋惜玫瑰的决定，因为在她看来，没有人会错过如此美妙的求婚。但事实证明，玫瑰的决定是对的，因为那位王子不是人类，而是当年诅咒玫瑰的第十三位女巫从臭水沟里抓的一只癞蛤蟆。女巫用魔法将癞蛤蟆变成了外表英俊的王子，她试图通过假王子把玫瑰骗出来，然后伤害她，让自己当年的诅咒应验。没想到玫瑰的自我保护意识特别强，女巫的诡计未能得逞，她的诅咒也随之烟消云灭。

几年后，玫瑰遇见了自己的"真命天子"—— 一位品行端正、阳光善良的真王子。他和玫瑰彼此尊重、彼此欣赏，后来一起步入了婚姻的殿堂，过上了幸福的生活。

就这样，第十三位女巫的诅咒彻底失效了，第十二位女巫的祝福应验了。国王非常开心，他准备了丰厚的礼物去答谢第十二位女巫，因为国王觉得，是第十二位女巫的祝福在保护玫瑰，令她免遭厄难。可是，第十二位女巫却说："玫瑰公主身上的恶毒咒语之所以没有应验，是因为她学会了自我保护，将命运掌握在了自己的手中。所以，你们最应该感谢的其实是她自己。"

安全提示

1.人不可貌相，坏人有可能看上去并不像坏人，所以请记住，不要以貌取人，因为任何人都有可能是坏人。

2.对男生来说，生殖器官和屁股是隐私部位；对女生来说，生殖器官、屁股和乳房是隐私部位。任何时候，都必须保护自己的隐私部位，不要在别人面前暴露它们，也不能让别人碰触这些部位。

3.发生下列情况之一，都要让自己的大脑拉响警报，或者找机会逃走，或者向他人求助，第一时间抢占先机来保护自己，而不是等到危险发生再追悔莫及：

（1）有人要看你的隐私部位，或者让你看他的隐私部位，或者给你看一些暴露隐私部位的图片时；

（2）有人谈论隐私部位时；

（3）有人触碰你的隐私部位，或者让你触碰他的隐私部位时；

（4）单独与他人，尤其是异性待在一起时；

（5）有人亲吻你、拥抱你、抚摸你或者背你时。

4.和爸爸妈妈一起列一张"照顾者名单"，名单上的人在特定情况下可以看或者碰触你的隐私部位，列好名单后，可以跟爸爸妈妈一起就具体情况进行讨论。

5.和爸爸妈妈一起制作一个爱心圈，把你喜欢的、信任的人放进来，这些人是可以亲吻和拥抱你的。

6.爱心圈和照顾者名单是分别独立、不相重合的。

7.适度防范熟人。

8.听上去浪漫的事往往隐藏着不为人知的危险，不要被浪漫冲昏了头脑。

9.不要一个人去偏僻的地方参加约会。

14

花仙子：

盲目从众一点儿都不酷

「智慧心语：从众也许能带来安全感，但盲目从众只会将你推向深渊。」

女儿：

　　今天妈妈想跟你讨论的关键词是"从众"。那么，从众是什么呢？字典上是这么解释的：从众指个人受到外界人群行为的影响，而在自己的知觉、判断、认识上表现出符合公众舆论或多数人的行为方式。说得通俗一点儿，"从众"就是多数人都在干什么，你也选择干什么。在一般情况下，多数人的意见往往是正确的，所以选择从众，一般是不会出错的，因此随大流是一种安全的做法，但如果遇到事情一味选择从众，却不加分析、不做思考，时间久了，你就会丧失独立思考的能力。更可怕的是，假如其他人都在做一件错误的事，你也盲目加入其中，那么结果很可能是害人害己。

　　我记得在自己读初中的时候，班级间的男生们流行打群架，如果哪个男生不愿意参与，就会被骂"胆小鬼""没种""不是男的"，所以一旦两个班级之间发生矛盾，所有的男生都必须上阵"厮杀"，并美其名曰"为班级而战"。有时候他们还会操起板凳、拿起扫帚"混战"，过程是十分激烈的。结果有一次，一个男孩不小心戳伤了另一个男孩的眼睛，两个人都付出了惨重的代价：伤人的男孩被学校记大过，他的家长也为此赔偿了对方一大笔医药费；而另一个男孩，眼睛受到了重创，视力大幅度下降，看东西变得非常模糊。其实这两个男生平时都不怎么惹事，也不是特别调皮，可是他们为了不被其他人小瞧，盲目选择了跟从众人参加"班级混战"，结果发生意外，两败俱伤。

所以孩子，当你面临"要不要从众"这一选择时，首先要考虑接下来要做的事会不会威胁到你的人身安全，其次要看一看这件事的性质是否正确。如果众人要做的是吸毒、打架、坑蒙拐骗这样的事，你不仅要果断退出，还必须第一时间选择报警；而诸如吸烟饮酒、逃课逃学、欺负别人之类的事情，你也绝对不能盲目跟从，否则沾染上这些恶习，你便追悔莫及了。

当然，很多时候，也许你无法立刻分辨一件事是对是错，此时不要急着做选择，盲目跟从别人。可以把事情告诉老师或者爸爸妈妈，我们很乐意帮你分析，和你一起做出最正确的决定。

孩子，独立的思想是一个人最闪耀的徽章，掌握自主思考的能力，你将会受益终身。所以，从现在开始，请做个独立思考、有主见、不盲从的人，我相信你的思想一定能绽放出最美的光芒，这光芒也终将照亮你的人生。

接下来，让我们一起来听一则有关"从众"的故事。

花神挑选了七位女孩来担任花仙子，她们都很美丽，能力也很出众。为首的花仙子娜娜性格强势，是女孩中的"大姐大"，而露露则是最小的花仙子，她不仅心地善良，而且性格独立，很有主见。

为了让女孩们变得更出色，以便更好地承担起花仙子的职责，花神打算把她们全都送到花仙子魔法学校去学习。女孩们只有通过了最终的考核，才能由见习花仙子晋级为正式的花仙子。

于是，露露和其他女孩告别了爸爸妈妈，来到了花仙子魔法学校寄宿。

临走前的那个晚上，露露的妈妈紧紧地了拥抱了她，然后亲了亲她的脸颊，对她说："孩子，爸爸妈妈真的特别舍不得你，更不想让你离开。但总有一天你要长大，要学着独自面对这个世界，因此出去历练一下对你来说不是坏事。而且，花仙子魔法学校是一所特别好的学校，在那里，你能学到许多新本领，因此妈妈祝福你，也相信你会在最短的时间内适应学校里的新生活。"

"我会努力的，妈妈。"露露信心满满地对妈妈说。

这时候，露露的爸爸也走了过来，拍了拍露露的肩膀，对她说："在新的环境里，你会认识许许多多的小伙伴，交到更多新朋友。不过，在这些朋友中，有的人品行端正、行事公正，也有的人品行不佳，此时你要拥有明辨是非的能力，做出正确的选择，不可以盲目从众。"

"爸爸，什么是从众呢？"露露好奇地问。

"所谓从众，就是大多数人都在做一件事，你也跟着去做。从众，可能是为了融入一个集体，或者不被孤立，可是假如别人做的是一件错事，你盲目跟风、随波逐流，那就等于跟着犯错，这是很愚蠢的。"爸爸解释说。

"我明白了，爸爸，我会保持独立思考的习惯，认真辨别一件事是否该做，然后再决定是否从众。"

就这样，女孩们在花仙子魔法学校开始了全新的生活。最开始，女孩们都还不熟悉新环境，也都表现得很有礼貌，大家彼此之间客客气气，相处得还算愉快。可是时间久了，磕磕碰碰就多了，不时会有女孩之间闹矛盾的现象发生。

有一次，娜娜跟另一位花仙子亭亭闹了别扭，于是娜娜开始到处针对亭亭，不时给她使绊子。亭亭也不肯示弱，处处和娜娜针锋相对，两个人的关系闹得非常糟糕。

在一次冲突中，亭亭失手打碎了娜娜的水杯，这让娜娜非常愤怒，她指着亭亭说："你等着，我早晚会让你好看！"

"等就等，谁怕谁！"亭亭也不甘示弱地回应道。

这天下课后，娜娜把亭亭之外的所有女孩都聚集到了学校的天台上，然后对她们说："这段时间你们也都看见了，亭亭一直都在跟我作对，我得让她长点记性。从此以后，你们都不许理亭亭，今天晚上，你们要和我一起给亭亭一点儿教训。"

听了娜娜的话，露露很为亭亭担心，她暗中提醒亭亭要注意安全，晚上待在房间里不要出门。这天晚上，露露假装肚子疼，躲在了自己的小床上。亭亭却因为没有听明白露露的意思，跑到外面去吹长笛了。结果吹完笛子，亭亭就被娜娜和其他女孩堵在了过道里，娜娜冲上去给了亭亭一个耳光，然后命令其他女孩一起撕打亭亭，女孩们不想这么做，但又害怕娜娜，因此也跟着跑上去抽亭亭耳光、揪她的头发、踢打她，直到亭亭开始求饶，娜娜才命令大家停手。然后，娜娜威胁亭亭说：不能把事情告诉任何人，否则下次打得更厉害。亭亭非常害怕，没有对外说出自己被欺凌的事。

娜娜原本是名出色的女孩，学习也很认真，但开始住校后，她却迷上了穿衣打扮，再也无心学习。一次偶然的机会，娜娜结交了坏女孩蛛蛛，并跟着蛛蛛学会了吸烟、饮酒。她悄悄买来了烟和酒，把它们藏在自己的小床下面，经常趁着大家不注意拿出来"享用"。

后来，娜娜又和蛛蛛一起组成了一个"酷女孩组合"，并把另外几名女孩也拉了过来，告诉她们：如果想加入"酷女孩组合"，就得学会吸烟、饮酒，并尝试文身，因为只有这样，才能成为最酷的女孩，被最酷的团体接受。有几位女孩虽然觉得吸烟和饮酒不是什么好习惯，但为了成为"酷女孩组合"的一员，她们都选择了跟随娜娜，悄悄学会了吸烟与饮酒。露露却自始至终都离娜娜远远的，因为爸爸告诉过她，吸烟、饮酒有害健康，绝不能轻易尝试。

因为不随大流，露露受到了其他女孩的孤立，大家都笑她老土，一点儿也不酷，但露露却并不在意。在她看来，只有坚持原则、思想独立、不轻易从众的女孩才是最酷的，盲目从众只会伤害自己，那种行为一点儿都不酷！

除了吸烟、饮酒，少数女孩还学会了逃课甚至逃学，她们故意不去上课，躲在宿舍里装扮自己，或者悄悄溜出校园玩耍。露露见了觉得很惋惜，曾经劝过那些年龄小一点儿的女孩："我们被选为见习花仙子，来到这么好的魔法学校读书，是非常不容易的，如果随便逃学荒废了学业，岂不是很可惜的一件事？"

但女孩们都听不进露露的话，在她们看来，别人都逃过课，如果自己不这么做，岂不是很丢人的一件事。

在花仙子魔法学校附近，有一所王子学校，在里面就读的都是附近鲜花王国的小王子们。在王子学校里，多数小王子都很勤奋，但也有个别顽劣分子，经常逃学、吸烟和饮酒。娜娜和几位爱逃学的女孩在外出游玩的时候，认识了两位同样逃学出去的小王子，并和他们成了好朋友。有位小王子告诉女孩们："你们当见习花仙子太辛苦了，需要学习那么多的魔法才能晋级，还不如直接嫁给我们这些王子，将来等我们继承了王位，你们就可以直接当王后，拥有最尊贵的地位，享受最奢华的生活。这难道不是最容易走的一条路吗？"

女孩们听了，大都动心了。于是，她们从此以后不再认真读书、学习魔法，而是开始热衷于结交王子，并做起了当未来王后的美梦。只有露露，仍然保持着专心读书的好习惯，努力练习着老师教授的魔法，她不梦想着一步登天，而是踏踏实实地提升着自己，希望将来当一名最出色的花仙子。

一次偶然的机会，一位小王子尝试了一种毒品，并因此染上了毒瘾。在一次聚会中，小王子拿出几包毒品招待一起玩的女孩们，并告诉她们："这是一种秘密食品，非常非常珍贵，服用之后每一个毛孔都会变得特别舒服，因为拿你们当朋友，我才给你们吃的，你们可要珍惜这次机会哦！"女孩们听了非常开心，接过王子递来的毒品就放进了嘴里。结果，她们全都染上了毒瘾！

染上毒瘾的女孩们很快就被学校开除了，接着又被警察带走了。除了露露，其他女孩也因为逃课、吸烟、饮酒而荒废了学业，后来都被学校开除了。只有露露一个人顺利完成了学业，掌握了所有的魔法，成为正式花仙子。

成为花仙子之后，露露表现得非常出色，她利用自己的魔法完成了花神交代的任务，并且帮助了许许多多有需要的人。

　　而在露露长大后，她遇见了一位跟她同样出色的王子，这位年轻的王子曾是王子学校的一员，现在刚刚继承了王位，统领所有的鲜花王国，可以说是王中之王。

　　他打算为自己寻觅一位志同道合的王后。而当他遇见露露的时候，马上就爱上了她。他对露露说："当初在王子学校读书的时候，有很多王子沉迷于享受，乃至于逃学玩乐，但我却一直专注于学业，因为我立志要做最出色的王子。正因如此，有的王子经常排斥我、嘲笑我，但我不后悔自己的选择。今天遇见你，我发现你跟我是同类人，我们都很自律，为了自己的目标能够放弃眼前的享受，在自己选择的道路上坚定地走下去，而不是盲目从众，取悦他人，乃至于为此误入歧途。我想，你就是最好的王后人选，希望你能嫁给我，我一定会给你幸福。"

　　"我想，幸福不是别人给的，而是自己创造出来的。让我们一起创造幸福吧！"露露认真考虑之后，答应了王子的求婚。

　　此后，这对国王和王后一直过着幸福的生活。鲜花王国也在他们的管理下变得更加美好。

安全提示

1.学会独立思考，拥有甄别是非的能力，看到周围的人做一件事，要想清楚对错再跟随，不要盲从。

2.如果无法分辨一件事情的对错，可以求助于爸爸妈妈或老师。

3.如果别人因为你的坚持而冷落你、嘲笑你，请坚持下去。

4.远离校园霸凌，不要参与欺辱他人。如果你是被欺辱的一方，不要容忍，大胆说出真相，并求助于爸爸妈妈和老师。

5.不要加入不好的小团体，如果某团体的成员一起打人，或者去一些不好的场合、偷偷尝试吸毒等危险的事，那么加入他们只会害了你自己。

6.如果你的好朋友在做错误的事，不要盲目跟随；如果无法劝阻对方，果断远离是最好的选择。

7.最容易走的路，往往隐藏着巨大的危机，因此不要急着走捷径，要学会下笨功夫。

15

魔镜、魔镜，带我看看世界的真相：

用网安全对对碰

「 智慧心语：隔着屏幕，你永远不知道与你聊天
的是人还是狗。」

女儿：

前几天，姑妈送给你一台小巧的笔记本电脑。在此之前，咱们俩一直是共用一台电脑，这下你有了属于自己的电脑，我也终于不用再跟你抢电脑用了。有了新电脑，你可以更方便地查阅资料、听辅导课，进一步提高学习效率。不过，为了你更好地使用新电脑，今天妈妈想跟你讨论一下"网络"这个关键词。

我听过两个笑话。一个笑话是说两条狗在网上聊天，他们都假装自己是人类，隔着屏幕相聊甚欢，背地里这两条狗都扬扬自得，心想：我真是了不起啊，居然把对面的人类耍得团团转！还有一个笑话是我从朋友那里听来的真事，说的是一个男孩和一个女孩在网上聊天，他们都见过彼此的照片，照片里的男孩是位翩翩少年，女孩是名精致美女，两个人都对对方十分满意，决定谈一场恋爱，于是约好在咖啡厅见面，可是见面时二人却都大吃一惊：原来男生不仅矮胖还秃顶，女孩皮肤黝黑，脸上坑坑洼洼，眼睛小得不细看都不知道是睁开的，两个人都对对方拿假照片欺骗自己十分不满，于是大打出手，结果男生被抓破了脸，女孩被淋了一头的咖啡……

孩子，说来不怕你笑话，其实妈妈还悄悄见过网友呢！那时候妈妈还在读大学，跟着同宿舍的女孩学会了打游戏，不过我打游戏的水平太差，一不留神就被人干掉了，幸好游戏里有个男生总是保护我，每每在关键时刻冲出来奋勇杀敌，英雄救美，我就一直跟着这个男生玩游戏，觉得他简直帅爆了！后来我们约好在麦当劳见面。结果到了约定的时间，我在麦当劳左顾右盼，也没发现看上去像英雄的男网友，这时候从角落里走出一个小胖墩，告诉我他就是吕布（游戏里的角色名称），我当时简直惊掉了下巴，因为那个小家伙看上去最多读五年级！后来，小家伙讹了我四份儿童套餐（我也不知道他怎么那么能吃），然后抹抹嘴巴，满意地离开了。从那时起，我就发誓，这辈子再也不见网友了！

孩子，唠唠叨叨跟你说了这么多，其实妈妈只想告诉你：因为不知道网络那端是人是狗，所以见网友这种事风险还是挺大的，像我被讹了一顿麦当劳还是好的，就怕约你见面的是个彻头彻尾的坏人。所以请记住，不要轻易跟网友见面，如果真的有聊得特别好的朋友约你见面，你又特别想去，可以带上爸爸妈妈，让我们隔着一定的距离保护你，这不失为一个两全其美的办法。

都说网络是一把双刃剑，它能开阔人们的视野，提供大量的优质学习资源，如果能够合理利用网络，对我们的帮助是非常大的；但与此同时，网络上也充斥着大量的虚假信息，骗子们也将网络看作一个谋取利益的平台，在上面布下了大量的陷阱。所以，作为网络的使用者，我们必须小心谨慎，时时提高警惕，才能取其长处、避开陷阱。那么，如何才能巧妙避开网上的那些陷阱呢？

首先，不要相信天上会掉馅饼，那些听上去能捡便宜的事情背后一定隐藏着巨大的陷阱。比如当童星赚大钱了、做网红一夜成名了，看上去无限美好，其实只是骗子在"钓鱼"而已，绝对不要轻信这样的信息。其次，不要在网络上泄露自己的个人信息，包括自己的照片、姓名、学校、家庭住址、父母情况和位置信息等。曾经有个女孩就是因为使用了网络定位功能，被不怀好意的陌生人盯上，不幸遇害。最后，上网应当克制，不要沉溺于网络，将其视作自己的全部……

孩子，网络是我们生活中不可或缺的一部分，合理使用网络，能给学习、生活带来极大便利。可是不要忘记，网络仅仅是生活的一部分，在它之外，还有更广阔的真实世界，因此更要脚踏实地地生活，在现实生活中活出精彩自我。

接下来，让我们一起来听一则有关网络的故事吧。

在《白雪公主》的故事里，白雪公主的继母，黑心的王后有一面爱说真话的魔镜，每次王后问魔镜："魔镜、魔镜，谁是世界上最美丽的人？"魔镜都会回答说："白雪公主是世界上最美丽的人。"

于是，王后对白雪公主心生怨恨，一直试图伤害白雪公主，幸好有七个小矮人和王子的帮助，白雪公主才脱离了险境。后来她嫁给了王子，过上了幸福的生活。

那么，狠毒的王后和那面讲真话的魔镜怎么样了呢？

白雪公主的父亲，也就是国王在得知王后的阴谋后非常生气，将她关进了监狱，魔镜则被一位女仆偷走了。女仆原本想把魔镜卖掉，趁机赚一笔钱，可是由于她第一次偷东西太紧张，一不小心就把魔镜弄丢了。后来，一位工匠捡到了这面魔镜，觉得它非常别致，就把它镶嵌在中央广场的一尊塑像上。魔镜因为坚持讲真话，曾差一点儿给白雪公主带来了杀身之祸，对此它深感愧疚，便决定不再开口说话。几百年过去了，它仍然伫立在广场的雕塑上，静静映射着世界的真相。

现在，魔镜已经变得残破不堪，它感觉到自己马上就要碎掉，不得不告别这个世界。而在离开这个世界之前，它忽然很想找人说说话。

这时候，有一位穿着校服、梳着马尾辫、背书包的女孩迎面走来。

"就是她了，她将是我在这个世界上最后见到的一个人。"魔镜用苍老的声音说道。

背书包的女孩名叫薇薇安，她看上去行色匆匆，仿佛很着急的样子。她在低头快走的时候，忽然听见一个苍老的声音在呼唤自己："嗨，薇薇安，走慢点儿。前方等待你的，也许不是惊喜而是惊吓。"

听到这个声音，薇薇安十分吃惊，连忙抬头寻找声音的主人。可是广场上空无一人。那么声音是从哪里传来的呢？说话的人又怎么知道自己的名字叫薇薇安呢？

"你不要找了，我在这里，你扭头看看你身边的塑像，我就是塑像手里的那面镜子。不过我可不是一面普通的镜子，而是一面说真话的魔镜。"魔镜说道。

薇薇安不相信地转过头，果然看见塑像的手中拿着一面镜子。而自己所听到的声音，真的就是从镜子中发出来的！

哎呀，镜子居然会开口说话！薇薇安以为自己遇到了妖怪，吓得准备拔腿就跑。这时候魔镜又说话了："咳咳，你别跑呀，我只是一面会说话的魔镜，是不会伤害你的。我知道你急着要去见一个人，一个手中拿着粉色玫瑰花、头戴黑色棒球帽的人，难道你不想提前了解一下这个人的信息吗？"

咦？这面镜子居然知道自己要去干什么！看来它真的不是一面普通的镜子。既然如此，自己何不留下来跟它聊聊天呢？

这样想着，薇薇安停下了脚步。

魔镜仿佛看穿了薇薇安的心思，它得意地说："我不仅知道你要去见一个人，还知道这个人的真实面目。难道你不想过来看一看吗？"

魔镜的话说到了薇薇安的心坎里，她正准备去见一位网友，她与这位网友在网络上聊了好长一段时间，通过聊天，薇薇安得知，对方是一个比自己大两岁的小哥哥，学习成绩很好，喜欢打篮球和唱歌，薇薇安看过他的照片，人长得非常阳光。而且小哥哥为人非常暖，经常倾听薇薇安的烦恼，开导她、安慰她，对她十分关心，他的声音也很好听。今天是两人相约第一次见面，薇薇安急着赶往酒吧，就是为了见到这位小哥哥。

于是，薇薇安不由自主地凑近了魔镜，发现魔镜的镜面上果然出现了一个中年男人，他面容猥琐，身材矮胖，但却头戴黑色棒球帽、手拿一朵粉色的玫瑰花。只见男人走进了一间酒吧，找了一个座位坐下，然后点了一瓶啤酒和一杯橙汁。这时候，男人摘掉了棒球帽，薇薇安发现男人的头顶居然是秃的！男人先喝了一口啤酒，然后从口袋里掏出一袋白色药粉，倒进装橙汁的杯子，再将橙汁摇匀，脸上露出了满意的笑容。

"不，不，这一切都不是真的，我的小哥哥绝对不会长这个样子！你根本不是什么魔镜，而是个大骗子！"薇薇安看到魔镜里的画面，忽然情绪失控，大声喊道。她不相信网络那端一直陪伴自己的阳光小哥哥居然长成这个样子，所以把愤怒都发泄在了魔镜的身上。

"既然你不相信，那就继续去赴约吧，亲眼看一看对方的真面目。不过我要提醒你，绝不能喝对方给的饮料，一旦发现不对，可以借口上厕所悄悄溜掉。"魔镜用低沉的声音说道。

薇薇安没有回应魔镜，而是低着头离开了。她不相信魔镜所说的一切，早已迫不及待要赶去看看事情的真相。

带着忐忑不安的心情，薇薇安一路小跑来到约定的酒吧，然后稍微整理了一下头发，鼓足勇气走了进去。她左看右看，在角落的座位上果然有一个头戴棒球帽、手捧玫瑰花的男人，不幸的是，对方长得跟魔镜中出现的形象一模一样。薇薇安又气又怕，转身就想逃走，可是对方已经发现了薇薇安，满脸笑容地迎了上来。

在对方的再三要求下，薇薇安只好勉强到座位上坐下了。这时候，对方把橙汁推了过来："来来，这是我特意为你点的橙汁，先喝一点我们再聊天。"

"呃，我在路上刚喝了一瓶水，现在还不渴。对了，洗手间在哪儿？我想先去个洗手间，橙汁一会儿回来再喝。"薇薇安努力挤出一丝微笑，故作镇定地说道。

几分钟后，薇薇安假借上洗手间的机会，迅速从酒吧的后门逃走了。她一路狂奔，终于跑回了广场的中央，然后弯腰开始大口喘气。

"现在，你知道我没有骗你了吧？还好你足够机灵，发现不对马上找机会逃走了，不然的话还不知道会发生什么可怕的事情呢……"魔镜看着薇薇安，缓缓说道。

过了好一会儿，薇薇安才终于缓过气来。她连忙问魔镜："既然你什么都知道，那请你告诉我，将来我能红吗？能成为大明星吗？再不然超级网红也可以！我不想读书了，读书太辛苦了！我想当主播，轻轻松松赚大钱，有个公司答应培养我当明星，要我给他们发试镜照片，我还没来得及发呢！"

"是什么样的照片呢？"魔镜问薇薇安。

"是艺术照、生活照，还有两张全裸的照片。不过你放心，全裸的照片是发给公司的一位小姐姐，她检查一下身体上有没有伤疤，身材比例合不合适，看完马上就会删掉。这家公司是我在网上联系到的，他们专门培养模特、明星和网红，听说签约之后每个月能赚好多好多钱呢！"薇薇安兴奋地说道。

"那么，我们来看看这家公司的真相。"魔镜说。

于是，魔镜上又出现了许多的画面。第一个画面上有几个男子，他们正在一间破旧的地下室里"工作"，工作的内容就是打理一家"明星经纪公司"。他们不停在网上发布招聘信息，招聘的对象是未成年女孩。广告里称：公司会为她们提供最好的资源，让她们快速走红，出大名，赚大钱。

　　紧接着，画面又切换到了另一处，画面里有一名小女孩，正兴奋地看着网络上发布的信息。她按照要求提交了自己的生活照与裸照，并在对方的指示下打开了视频，与对方"裸聊"。结果，在裸聊的过程中被对方录像，女孩的裸照与视频不仅被那些人看到，还转卖了出去，发布在了很多网站上。后来，女孩不仅没有做成明星，还在网络上看到了自己的裸照，吓得崩溃大哭、噩梦不断……

　　看到这里，薇薇安吓出了一身冷汗。再也不梦想着跟那家公司签约，做明星赚大钱了。

　　可是薇薇安还是不死心，她想：既然当不了明星，那我退学当个主播总行吧？网络上那些女主播随便对着镜头唱唱跳跳、直播吃饭，或者拍个小视频，就能收获一大批粉丝，听说有的人一个月能赚上百万元，她们当中有的长得还不如我好看呢！凭什么她们能赚钱我不能？而且当主播不仅能赚钱，还能住豪宅、开好车，去各地度假，穿着漂亮衣服吃喝玩乐，我为什么不去过这样的生活，反而要留在学校里受苦呢？

　　魔镜早已看穿了薇薇安的心思，就在这时候，镜面上又出现了新的画面：一位薇薇安熟悉的女孩正在做"吃播"，也就是对着镜头吃饭。女孩对着一大桌美食大快朵颐，一会儿吃炸鸡，一会儿吃薯条，一会儿又吞下了一只超级大比萨。薇薇安本以为女孩吃完了，可是没想到女孩又开始表演重头戏：对着镜头活吃鱿鱼，那条鱿鱼不停地扭动，看上去就很恶心，女孩居然要活活咬下它的一只脚。结果鱿鱼被女孩咬疼了，狠狠地反咬了女孩一口，在女孩脸上留下了一道大红印子。女孩疼得哇哇大叫……

这时候，直播结束了。女孩顾不上擦拭脸上的血迹，而是连忙拿起手机看刚刚的直播数据，发现直播间粉丝猛增，当日的收入也实现了暴涨，她兴奋地比画了个"V"字。接下来，女孩迅速来到了卫生间，然后用手催吐，把刚刚吃下的美食全都吐了出来……镜头外的薇薇安一边看着，一边恶心得差点儿吐出来。

过了一会儿，魔镜又切换了画面：一位女孩正在直播奢华生活。镜头里的她穿着限量版长裙与高跟鞋，拎着名牌包，举着红酒杯，在豪宅里摆出各种姿势；不一会儿，女孩又出现在了一辆豪车旁边；又过了一会儿，女孩拎着旅行箱准备登机去度假，而她的目的地在马尔代夫……

可是，当画面切换到另一边时，薇薇安才发现原来女孩住在一间狭窄的出租屋里，她直播镜头中出现的豪宅，其实是临时搭建出来的——利用网上买来的廉价装饰物和反光板等工具，装饰出了豪华而梦幻的效果；女孩穿的衣物、用的包包，也都是网购来的假货；豪车照，是女孩去停车场里找的车，然后站在车旁玩自拍；至于登机照，则是去机场拍的，海滨照也是造假的结果……女孩这样做，只是为了卖瘦身产品和面膜，给购买者制造出一种美丽的幻觉。

接下来，魔镜又呈现了另外一位超级网红的生活，这位网红靠着拍小视频一举成名，坐拥几千万粉丝，据说收入非常可观。视频里的她非常搞笑、妙语连珠，而生活中的她则是这样的：

每天和团队成员一起开会找素材，然后写剧本、拍视频、接广告，忙得不可开交。有时候忙起来一天只吃一顿饭，两天两夜都不能睡觉，还焦虑得大把大把掉头发。但即便如此，这位网红还是坚持每天读书，做读书笔记，她告诉朋友："读书真的特别有用，不仅能增长知识，还能开拓思路。幸亏我读博士的时候进行了广泛的阅读，现在做起视频来才不会灵感枯竭。"

看到这里，薇薇安沉默了。她对魔镜鞠了一个躬，认真地说："谢谢你魔镜，你让我看到了真实的世界。以后使用网络的时候，我会特别小心，也不会随便见网友、在网上发布自己的视频和照片、透露自己的信息了。在以后的日子里，我会认真读书，努力学习，不会再做那些不切实际的梦了。"说完，她就背好书包，向魔镜挥挥手，离开了。

"再见女孩，祝你好运。"说完这句话，魔镜就碎掉了。而那些碎片在落地的时候，发出了欣慰的笑声。

安全提示

1.谨慎使用网络，不要在网上暴露过多的个人信息，诸如姓名、学校、家庭住址、父母情况等。

2.在社交平台发布公开动态时尽可能不用或者少用定位功能，以免暴露个人位置，让别有用心的人有机可乘。

3.不要在网络上公开自己的照片，也不要将自己的照片发给陌生人，尤其是暴露身体隐私部位的照片。如果有人诱导你发此类照片，一定要告诉爸爸妈妈并及时报警。

4.网络是一个虚拟世界，你不知道网络另一端是什么人，因此网上聊天需谨慎。如果有人约你线下见面，可以委婉拒绝或者带家人一起赴约，以免遭遇危险。

5.不要梦想着走捷径、当网红、赚快钱，一夜爆红的日子也许没有想象中那么美好。因为命运所有的馈赠，都在暗中标好了价格。

16

遇见花木兰：

面对霸凌，聪明女孩这样做

「智慧心语：不被欺负是一种本领，不欺负别人是一种修养。愿你永远不受欺负，也不恃强凌弱去欺负他人。」

女儿：

自从你上幼儿园开始，每次放学接你回家，我都会假装漫不经心地问一句："今天在幼儿园怎么样？跟小朋友们玩得好吗？"你总是回答挺好的，但我却不放心，总会追问一句："有小朋友欺负你吗？"得到你否定的回答后，我才会长舒一口气，顺便不忘叮嘱你："要记住哦，咱们不能被人欺负，但是也不能欺负人！"

不知不觉，你已长大，而我，却还是那个爱担心的妈妈。你表现得太随和，我会担心你因为太好说话而被强势的同学欺负；你表现得太强势，我又会反过来担心你欺负弱小的同学。有一次你抱怨说："妈妈你怎么老是患得患失啊，你是不是有受欺负恐惧症？天天在那里念念念，我都听烦啦！"

孩子，你说对了，妈妈确实有受欺负后遗症。说来惭愧，妈妈小时候，就是个总被人欺负的小女孩，而且的的确确遭受过校园霸凌。那时候我六七岁吧，刚刚转学到了一所新学校读一年级。因为环境变化，原本活泼爱笑的我变得胆怯安静起来，在新环境里，我变得手足无措，也没有什么玩伴，内心充满了孤独。

不知道从什么时候开始，有个孩子跑过来欺负我，我因为害怕没有反抗，于是，更多孩子开始欺负我，他们骂我、掐我、推我，把我堵在厕所里嘲笑我，往我身上吐口水，还抢走了我的零花钱。我害怕极了，不知道如何应对，也不敢告诉父母，只能默默忍受着一切。从那时起，上学对我来说变成了一场噩梦，我就在煎熬中度过了自己的小学时光。那时的我，成绩很差，也非常自卑，整个人毫无生气，每天都恨不得找一条地缝钻进去，然后永远告别这个残酷的世界。

后来，我升到了初中，幸运地遇到了一位好老师。这位老师无意中发现我有一点儿写作的天赋，便鼓励我、提点我，让我当了小组长，还借了许多好书给我看。因为这位老师的赏识，我的生活里就像照进了一道光，开始一点点改变着：慢慢地，我拥有了一点儿自信，成绩也好了一些，但骨子深处，我还是当初那个自卑怯懦的小女孩，对受欺负怀有深深的恐惧。

再后来，我长大了，升高中、读大学，然后读了研究生，毕业后开始工作，又结了婚，生了孩子。看上去，我的经历与同龄人没有什么太大的不同，可是只有我自己知道，为了对抗童年时代受欺负留下的阴影，我做出了多少努力。我自学了心理学，考了心理师咨询证，读了很多相关书籍，还参加了各种各样的成长营和疗愈工坊，只为了抚平童年时代受欺负留下的那道伤痕。我的努力当然是有效果的，至少，我能感觉到自己的内心一点点变得光明、温暖起来，不再敏感易怒、盲目自卑，可是偶尔，我在内心深处还是能感觉到一丝若有若无的阴霾，让我久久不能平静。

长大后，我时常想：如果没有童年时代受欺负的那段经历，我的人生会不会变得不一样？可是人生没有如果，现在的我只能平静地接受生命给我的一切，然后努力从过去的经历中汲取养料，向上成长。只是，虽然我一直告诉自己过去的早已过去，那些往事不会再困扰我、刺痛我，但是有些时候，在网络上看到有人被校园霸凌的新闻，我仍然会觉得心痛不已，就好像那个站在角落里默默忍受众人欺凌的小孩不是别人，而是我自己。很多年后，在一个偶然的场合，我遇见了一位小学时欺负过我的同学，她若无其事地同我叙旧，但我的心里却永远杵着一根刺，我发现无论怎么努力，自己都不能做到像她一样谈笑风生：内心深处，我可能永远都无法原谅童年时代欺负过我的那些人。

所以，我决定做点儿什么，比如创作几个故事，给那些被欺负或者欺负人的孩子看，帮助受欺凌者重新找回勇气，也引导欺负人的一方学会反思。我想，这大概就是我坚持写作的一个动力。

我的孩子，我很开心你没有遭受霸凌，也很欣慰你没有去霸凌别人。在未来的漫长岁月里，愿你继续保持着纯良的本性，继续修炼不好惹的气场，做个气场强大、心地善良的好姑娘；也愿你有能力有智慧对弱者施以援手，成为他们生命里的一束光。

接下来，让我们一起来听一个有关校园霸凌的故事，故事里的主人公，其实就是我童年时代的一个缩影，而从天而降的花木兰姐姐，则是我年少时光里最想要的"礼物"。好在，我的愿望在故事里实现了。

有个小女孩名叫妞妞。妞妞的性格很内向，脾气非常好，从来都不欺负小朋友，有了好东西也很乐意跟小伙伴们分享，因此大家都很喜欢妞妞。

一天，妞妞的爸爸要去另外一座城市工作。于是，妞妞一家搬到了新的城市，妞妞也转学到了新的学校。

初到新学校，妞妞觉得一切都很陌生，她很思念过去的老师和同学，尤其是自己的好朋友们。在新环境里，妞妞很不适应，她胆子小，不敢主动跟老师和同学打招呼，也不敢结识新朋友。每天一个人待在角落里，内心觉得孤单极了。

有一次上体育课的时候，妞妞走得有点儿急，不小心踩到了前面同学的脚。她连忙说："对不起、对不起……"被踩的女孩名叫佳佳。佳佳的性格很蛮横，平时喜欢欺负人。虽然妞妞已经道歉了，但佳佳仍然很生气，大声说道："说对不起有什么用？我的鞋子可是名牌的，被你踩脏了还怎么穿？你赔得起吗？"

妞妞被佳佳凶巴巴的态度吓了一跳，只好小心地赔笑说："真的对不起，我不是故意的，要不我给你擦一下吧？"

佳佳听了，仍然不依不饶地说："这是我妈妈刚给我买的新鞋子，第一天穿就被你踩脏了，白鞋上的印子怎么擦得掉？你得赔我一双新鞋子！你这个死胖子！"

妞妞平时喜欢吃零食，长得确实有一点儿胖，但是妈妈说她胖嘟嘟的很可爱，像个洋娃娃一样。这还是她第一次听见别人骂自己是死胖子，她简直不敢相信这是真的。她心里非常难过，可是又不敢还嘴，只得低着头一言不发，眼泪却不争气地掉了下来。

佳佳一直在大声叫嚷。直到老师吹哨子喊集合，她才骂骂咧咧地走开。走之前还在妞妞的脚上狠狠地踩了一脚，骂了一句："胖妞死肥猪！"

从那以后，佳佳就经常欺负妞妞，不仅推她、掐她，让她帮自己做值日，还给她起了很多侮辱性的外号，比如"胖妞""死肥猪""猪妞""肥婆"等。妞妞很伤心，却不敢反抗，因为佳佳威胁她：如果敢告诉老师和家长，就找人暴打她一顿。

慢慢地，"胖妞""死肥猪"等外号就在同学之间疯传了起来，不少同学也开始跟着佳佳喊妞妞的外号，并且学着佳佳的样子欺负妞妞。有一次，妞妞的妈妈给她买了一只新铅笔盒，同桌见了觉得好看，一把就抢走了。妞妞不敢吭声，只好跟妈妈撒谎说自己把铅笔盒弄丢了。

夏天来了，女孩们都开始穿裙子，妈妈也给妞妞买了一条粉色的公主裙。可是妞妞穿着公主裙刚走进教室，就被佳佳和其他几个女同学嘲笑了一番，她们说："你长得像肥猪一样也配穿公主裙？也不撒泡尿照照自己！"还有的女生故意对着教室外面喊："大家快来看啊，我们班肥婆也穿公主裙了，你们见过穿公主裙的母猪吗？"说完，她们就哈哈大笑起来。妞妞觉得很可耻，从此再也不穿裙子了。

还有一次，妞妞刚从口袋里拿出零花钱，准备去买冰激凌，可是一下子就被佳佳抢走了。佳佳说："上次你踩坏了我的鞋子，我的鞋值一千多块钱呢，你得赔钱！以后你的零花钱都拿来给我，就当是赔我的鞋子钱了！"

在佳佳的带领下，经常有同学来勒索妞妞，跟在妞妞的屁股后面要钱。妞妞的零花钱都被抢走了。她觉得委屈极了，经常躲在被子里偷偷哭泣。

有一天，老师给同学们讲了花木兰女扮男装替父从军的故事。妞妞听了，觉得花木兰简直太了不起了，居然敢替父亲上战场和敌人战斗！她心想："花木兰真是一位女英雄。我要是变得像花木兰一样，就不用再受大家的欺负了……"

可是想归想，被同学们欺负的时候，妞妞还是不敢吭声。这一天，妞妞去洗手间的时候又被同学们嘲笑。她觉得非常伤心，一个人来到小花园里，委屈地大哭了起来……

突然，一位大姐姐出现在了妞妞的面前。大姐姐长得很美丽，穿着古代的衣服，梳着古代的发髻，看上去活脱脱就是一位古装美女。

妞妞好奇地问大姐姐："你是谁呀？怎么穿得像电视上的古代人一样？"

大姐姐告诉妞妞："我就是花木兰呀！"

花木兰？难道这就是历史上那位美丽又勇敢的花木兰姐姐吗？妞妞激动得跳了起来，抓住大姐姐的手说："你真的是花木兰姐姐吗？你怎么会在这里？"

花木兰笑着说："我是来帮助你的。看到你被同学们欺负，我心里很难过，所以想来帮你改变这种状况。"

听见花木兰姐姐这么说，妞妞简直太开心了，说道："花姐姐你真好！同学们都欺负我，可是我不敢反抗，你能不能去吓唬一下他们，让他们别再欺负我了？"

花木兰并没有答应妞妞的请求，她说："妞妞，我不能代替你解决问题，因为我不能永远陪在你身边。你要学着自己去面对欺负你的人，让他们不敢再欺负你。我会在旁边指导你。"

　　姐姐听了，觉得有些失望，因为她实在没有勇气面对欺负她的人。可是，花木兰鼓励她勇敢地面对，努力去尝试。于是她问花木兰："花木兰姐姐，现在我该怎么做呢？"

　　花木兰说："目前你的同学们不单单是欺负你、嘲笑你，还经常推你打你，抢你的东西和零花钱。这是很严重的事情，你必须马上把情况告诉家长和老师。"

　　姐姐小声地说："可是，我真的不敢说！佳佳常常威胁我，叫我不能告诉家长。我怕说了她会加倍地欺负我，而且妈妈经常说吃亏是福，要不我还是忍着吧！"

　　花木兰拍拍姐姐的肩膀，鼓励她说："不，姐姐，如果你一直忍着，佳佳和其他同学只会觉得你无能，可以像个软柿子那样随便捏，然后就会加倍欺负你。所以，你必须大胆地将情况告诉老师和家长。不要怕，勇敢地把事情说出来吧！"

　　在花木兰姐姐的鼓励下，姐姐终于鼓起勇气把事情一五一十地告诉了老师和家长。得知姐姐的遭遇后，爸爸妈妈非常心疼，同老师进行了多次沟通。老师也对事情进行了详细调查，严肃地处理了欺负姐姐的那些同学，并告知了他们的家长，请家长管束和批评他们，并保证以后不再欺负姐姐。

　　从此，再也没有人敢欺负姐姐了，姐姐觉得非常开心，但花木兰却告诉姐姐："姐姐，作为女孩，你必须修炼出不受欺负的气场，否则以后还是会有人欺负你的。"

妞妞听了，十分担忧，她急切地问花木兰姐姐："可是，我怎样才能拥有不受欺负的气场呢？"

花木兰告诉妞妞：

"首先，你可以每天对着镜子对自己说：我是非常珍贵的、独一无二的生命体。我要成为一名勇敢自信、不受欺负的女孩。

"其次，当别人跟你说话的时候，你要敢于直视别人的目光。可能刚开始的时候，你不习惯这样做，但多练习几次，你就会慢慢掌握这项技能。当别人对你居高临下，或者颐指气使的时候，不要害怕，勇敢地盯着对方的眼睛，沉稳镇定、有条不紊地同他们对话。

"再次，你要学会拒绝。如果别人把他们自己应该做的事情推给你做，不要接受，勇敢地向对方说不；如果有人借了你的东西，也要向对方要求及时归还；如果对方不还，你要理直气壮地讨要。

"另外，遇到问题不要一味忍让，该还击就还击，说话的时候不用太大声，但要有条理。如果有人总是为难你，可以找机会同对方吵一架。吵架的时候不要骂人，要学会有条不紊地讲道理。同时，保持一定的气势，最好把矛盾放到明面上说，这样有人围观，会给对方带来一定的威慑力，也会让大家知道你不是个好欺负的女孩，那么以后他们想欺负你就得在心里掂量一下。

"最后，如果别人在身体上伤害你或者威胁你，一定要及时告诉老师和家长，不要一个人去面对问题。"

听完了花木兰的话，妞妞犹豫地说："姐姐，你说的听上去很难，我不知道自己能不能做到。"

花木兰笑着说："我相信你，你一定可以的。你要记住：女孩子只有自己争气，别人才会尊重你。另外，我们不能被人欺负，但是也不要去欺负别人。现在，我必须离开，去另外一个时空了，你要加油哦！"

说完，花木兰就挥了挥衣袖，在妞妞的面前消失了。

花木兰走后，妞妞下定决心要做一个不受欺负的女孩。她按照花木兰姐姐告诉自己的方法开始了练习。最开始，她觉得非常难，不过时间久了，她表现得越来越好了。慢慢地，同学们发现妞妞变得越来越自信、越来越勇敢，气场也越来越强，于是再也没有人敢随便欺负她了。

现在，妞妞不仅变成了一个气场强大的女孩，而且经常帮助那些被人欺负的小朋友。同学们都很佩服她。不久前，妞妞还被大家评选为大队长呢。你瞧，她戴着袖标的样子多神气啊！

小朋友们，在你们的周围，有没有像佳佳这样的小伙伴呢？有时候，遇到这种人，你越是忍让，表现得越胆小，她就越觉得你好欺负，越会变本加厉地欺负你。所以，面对佳佳这样的同学，你绝不能示弱，要不卑不亢地跟对方讲道理。比如，在故事里，姐姐的做法是先道歉，如果佳佳不依不饶，姐姐可以这样说："踩了你的鞋子，是我不对，但是我已经诚恳地跟你道歉了。要不我们请老师来评评理吧？看看我是不是应该赔你鞋子！"这样一来，估计佳佳就不敢再无理取闹了。

　　小朋友们，正如花木兰所说的：女孩只有自己争气，修炼出不被欺负的气场，别人才会打心底尊重你，不敢随便欺负你。如果你在学校里也经常受欺负，建议你们把花木兰姐姐说的那段话反复多听几遍，牢牢记住，并按照里面说的去练习。坚持一段时间，你会发现，自己身上已经发生了巨大的改变。

安全提示

1.坏人都欺软怕硬，你越是忍让，他们越是嚣张，所以遇到胡搅蛮缠的人，态度要强硬一些，绝对不能纵容对方。

2.如果有人打你，或者伤害你的身体、勒索你，你一定要及时告诉爸爸妈妈和老师。如果是几个人围着一起欺负你，对你动手，要找机会逃脱，并果断选择报警。

3.如果有人给你取侮辱性的外号，比如"蠢驴""死胖子"之类，你一定要在第一时间提出抗议。在这些"外号"流传开来之前，要紧紧抓住那个起外号的人不放，严肃地要求对方道歉。哪怕闹到老师那里也不能退让，因为这是侮辱人格的事情，绝对不能向对方妥协。但如果对方只是为了好玩，取的外号也不具有侮辱性，比如"米老鼠""樱桃小丸子"之类，就不必较真。

4.不经过你的允许，别人不可以随便拿走你的东西。

5.说话时，要直视别人的眼睛，并学会说不。

6.遇到有人为难你，该还击时就还击。吵架时不说脏话，但要不卑不亢讲道理。

7.当面吵架比私下较劲更有威慑力。有时候抓住一件事较真一次，就能起到很好的威慑作用，别人就会知道你不那么好惹，也就不会频繁招惹你了。

17

金发公主：

如果有人找你帮忙

「智慧心语：越是聪明的人，越有能力善良。」

女儿：

去年暑假，我带你去青岛玩。在火车站取票的时候，来了一个小女孩，她面带悲戚地告诉我们，她的爸爸外出打工摔断了腿，需要不菲的治疗费用，妈妈天生弱智、神志不清，家里急需用钱，请我们支援她一点儿钱。听了小女孩的话，你十分同情她，马上打开书包想要拿钱给她，可是被我制止了。我三言两语打发走了小女孩，然后拉着你的手迅速离开了。

那天你一直在怪我冷漠，问我为什么不让你帮助小女孩。孩子，你有同情心，愿意帮助他人，这是很难得的。可是，也许你应该认真想一想：小女孩的爸爸腿断了，妈妈神志不清，那么是谁把她带来火车站的呢？火车站里人来人往、熙熙攘攘，但小女孩却能熟练地在人群中穿梭，嘴里的台词也说得很溜，而且你看她的眼睛，里面一点儿也没有悲戚之色，反而全是机械化的敷衍，很显然，"乞讨"对女孩来说是一种职业，不是她的父母带她来的，就是她背后有专门的操纵团体，此时我们再拿出钱来帮助她，还有什么意义呢？而且，在人员密集的火车站打开背包拿钱，也很容易被人盯上，这是很不安全的，所以那天，妈妈果断制止了你的"善行"。

孩子，有句话是这样说的：越善良的人越需要聪明，越聪明的人越有能力善良。一个善良的人，只有靠着智慧保驾护航，才能真正帮助有需要的人，而不是被人利用，以致让自己也陷入危机。所以在帮人的时候，我们必须睁大双眼，判断眼前的求助对象是否真的需要帮助，还是别有用心，设下陷阱只等我们掉进去。

孩子，你要记住，正常情况下，成年人如果遇到了困难，通常只会找成年人帮忙，而不是求助于比自己弱小的孩子。所以，遇到比你强大的成人请你帮忙，比如请你带路、让你帮忙找东西，请不要理睬，离对方远一点儿，因为这背后一定有陷阱。

那么，假如遇到老弱病残孕求助，我们应当怎么做呢？当弱者需要帮助的时候，冷漠旁观是不人道的，我们当然应当伸出援手，比如扶老人过马路、帮受伤的人拨打120、把马路上玩耍的小孩送到安全区域，这些都是义不容辞的。不过，假如有人请你把他送回家，或者要你带路去某个地方，请一定不要答应，因为这有可能使自己遭遇危险。当你遇到需要冒险帮助他人的情况时，不要贸然行动，最好的办法是求助于路边的公益志愿者（或者其他成年人），或者打电话给警察叔叔，请他们来帮助对方。

亲爱的孩子，你的同情心就像金子一样宝贵，所以我们绝对不能让它被坏人利用，反过来伤害自己。以后如果你发现了可怜的人，希望帮他们做些事，可以告诉妈妈，我们一起想办法帮助他们。平时我们一家人也可以多多讨论，看看怎样做才能更好地帮助有需要的人。总而言之，请记住，帮助他人，要首先保证自己的人身安全。

接下来，让我们一起来听一则有关"同情心"的故事吧。

一位女巫梦想着长生不老，因此她一直在寻找让自己保持青春的秘方，却久久未能找到。在同一个国度，有一位善良的王后，她在花盆里种下了一粒金色的种子，种子发芽了，长出一株奇怪的植物，后来植物开出一朵硕大的金色花朵，花朵闪闪发光，照得整座皇宫都亮堂堂的。

一天晚上，王后做了一个梦，梦里有位白胡子老爷爷对她说："你房间里的金色花朵不同寻常，如果你将花儿摘下，制成香粉敷在脸上，就能保持容颜不老；如果你将花儿熬成金汤服下，然后许一个愿望，那么愿望一定会实现。"

王后醒来后想起了自己的梦，觉得非常不可思议。她心想：人总要随着年龄老去，保持容颜不老没什么值得高兴的，不过我多年来一直没有孩子，也许喝下花儿熬制的金汤，能满足我生个好孩子的心愿。于是，她亲手摘下那朵金花，将它放进山泉水，熬制成汤，然后慢慢饮下，最后郑重许了一个愿望：

希望我能生一个美丽的女儿，她不仅心地善良，而且乐于帮助他人。

不久，王后果然怀孕了。后来，她真的生下一位美丽的公主，公主有一头美丽的金发，那金发闪闪发光，就像当初那朵金色的花儿一样。有了女儿，国王开心极了，下令大摆宴席为公主庆生。而金色花的故事，也因此流传到了民间。

女巫在听说金色花的故事后非常懊恼，她心想：我如果早点知道王后种出金色花的事情就好了，那我就可以偷偷潜入王宫，摘下花儿，然后将它制成香粉使用，这样，我就可以永远保持年轻和美貌。可惜这花被王后熬汤喝了，真是太让人生气了！

不过，听说王后生下了一位金发公主，女巫又动起了坏心思，她想：公主的头发金光闪闪，一定是王后喝下的金色花汤发挥了作用，如果我能偷来公主的头发，将它磨成粉，敷在脸上，一定能保持长生不老。

于是，女巫悄悄潜入了王宫，去实施自己的计划。当女巫来到公主卧室的时候，小公主正在熟睡，婢女们正守在一旁为她打扇子。女巫使用了魔法，让婢女们全都沉睡了过去。然后，女巫捧起公主的头发，放在了自己的脸上，结果神奇的事发生了：她脸上的皱纹神奇般地消失了，皮肤也变得细嫩。女巫又惊又喜，连忙拿出一把大剪子，剪下了公主的一把头发。可是，当头发落地之后，它们却瞬间失去了金色的光芒，变成了最普通的棕色头发。

"看来，这些头发只有长在公主身上，才会闪烁出充满能量的金光。"女巫喃喃说道。

于是，女巫决定偷走公主，然后把公主藏在一个地方，让她那头金光闪闪的头发滋养自己，让自己青春永驻。

就这样，女巫背着公主悄悄逃离了王宫。

偷走公主之后，女巫在一座隐蔽的山上建了一座高塔，然后把公主囚禁在了里面。公主一天天长大，她开始向往高塔下面的世界，可是女巫在高塔的四周种满了荆棘，因此既没有人能够爬上高塔，高塔上的公主也无法爬下去。

一天天、一年年过去了，公主的头发越来越长。有一天，公主正无聊地坐在窗边，憧憬着外面的世界，忽然她听见了吱吱的叫声，仔细一看，原来有一只松鼠被树枝卡住了。公主试图帮助小松鼠，可是松鼠离她太远，她无法救下它。这时，公主看到了自己长长的头发，忽然想道：假如我的长发能变成绳索，救下小松鼠，那该多好……

就在这个时候，奇迹发生了：公主的金色长发真的变成了一根长长的绳子，救下了那只被卡住的小松鼠。小松鼠欢快地朝公主跑来，这时公主发现，松鼠在接触自己的长头发后，身上被石块和树枝擦伤的地方竟奇迹般地愈合了。直到此时，公主才知道原来自己的长发拥有神奇的力量，她决定好好使用这种力量。

于是，当女巫不在身边的时候，公主就利用自己的长发帮助了许许多多的小动物，其中有调皮的小猴、可爱的小鸟，还有光滑的小蛇……不过，在女巫面前，公主可不敢这么做，因为女巫非常珍爱公主的长发，她命令公主保护好自己的长发，绝不能因为帮助小动物而让长发受到任何损伤。

在公主小的时候，女巫告诉她自己是她的母亲，可是公主并不相信，因为她感觉到女巫爱她的头发胜过爱她。而在一个偶然的机会里，公主救下了一只远方飞来的小鸟，小鸟也告诉了她一个秘密。小鸟说："亲爱的女孩，我听说国王和王后曾经生下一位金发公主，后来公主失踪了，国王和王后非常伤心。多年以来，他们一直在寻找自己的女儿。而你拥有金色的头发，我想你就是那位公主。"

公主听了，非常开心，她决心走下高塔，去寻找自己的亲生父母。可是高塔周围布满了荆棘，该怎样才能避开荆棘走下去呢？

公主正在苦恼，忽然听到了一个细细的声音：

"你可以在身上包上棉被，然后把头发变成梯子走下去。"

原来，是一只得到过金发公主帮助的小老鼠在为她支招。

听了小老鼠的话，公主茅塞顿开，她马上找出最厚的棉被，把自己包裹得严严实实，然后将头发变成长长的梯子，沿着梯子走了下去。

走下高塔后，迎接金发公主的是漫山遍野的花儿和毛茸茸的小草，看到这幅景象，公主开心极了，忍不住转了几个圈，跳起舞来。她的舞姿十分动人，就连蝴蝶也被吸引了过来，围着她翩然飞舞。

正当公主沉醉于美景当中翩翩起舞的时候，一只黄鹂鸟凑到她耳边悄悄说道："女巫就要回来了，你应当快点儿逃走。"

公主听了，马上停止了跳舞，跑向了远方。

过了一会儿，女巫回来了。她爬上高塔后，发现公主不见了。她在高塔下面发现了一床扎满荆棘的棉被，感到非常愤怒，发誓要追回公主。

女巫拥有猎狗一样灵敏的嗅觉，于是她做了个深呼吸，并在空气中嗅到了一股玫瑰花露的气息。女巫知道，金发公主一直都在用玫瑰花露清洗头发，因此走到哪里都会留下玫瑰花的清香。她循着香气一路直追，不一会儿就追上了公主。

看到女巫追了上来，公主甩了甩金发，结果金发变成了一条鞭子，鞭子无情地抽向女巫。被鞭子抽过之后，女巫感到头晕，一下子坐在了地上，而当她清醒过来后，公主已经跑远了。

"看来，公主已经发现了金发的魔力，并且学会了使用它，我得想个主意才行。"女巫沮丧地说道。

女巫想了很久，终于想到金发公主是个特别有同情心，而且很乐于帮助他人的女孩，因此她决定变化成弱者的模样去欺骗公主。

于是，女巫乔装打扮成一位孕妇，来到了公主面前，做出快要晕倒的样子。

"您怎么了？是否需要我的帮助？"公主果然上当了，第一时间跑过来询问。

"哦，我怀孕了，身体非常虚弱，头特别晕。""孕妇"说道。

"我能为您做点什么吗？"公主问。

"如果你能送我回家，我将十分感激。""孕妇"说道。

公主马上答应了，然后小心翼翼地搀扶起"孕妇"，准备把她送回家。

在"孕妇"的指点下，公主扶着她来到了一处偏僻的山谷。公主很疑惑，因为山谷里空旷无人，根本没有房子，更不像有人居住的样子。女巫趁着公主四下顾盼，一把将她推下了一口枯井，然后在井口上放了一块巨石。

"哈哈，你上当了，我的公主，乖乖待在这里吧，永远别想出来了。"

意识到自己被骗后，公主很懊恼，但她没有放弃寻找出路。她将长发变成了带钩子的绳索，然后把绳索挂在井壁上，一点点爬了上去；最后又将长发变成了一根铁棍，撬开了巨石，终于成功逃离了枯井。

发现公主再次逃走后，女巫又摇身一变，变成了一个白白胖胖的小娃娃，出现在了公主的必经之路上。

公主正在赶路，忽然遇见一个小娃娃在大声哭泣。

"小宝贝你怎么了？你的爸爸妈妈呢？"

"妈妈……宝宝……迷路……"小娃娃指指山坡上的一栋小木屋，咿咿呀呀地说道。

"原来你迷路了，让姐姐来送你回家吧。"公主说完，就抱起了小娃娃，准备将他送回小木屋。

可是，当公主爬上山坡，走进小木屋并放下小娃娃之后，她忽然掉进了一个地窖。紧接着，地窖的大门也自动锁上了。这时候公主又听见了女巫的声音："你是无法逃出我的手心的，乖乖就范吧！"

"我真是笨，居然又上了女巫的当！"公主跺脚说道。

但她没有长久地沉浸在懊恼的情绪之中，因为她知道，自责和懊悔无济于事，最重要的是想办法救自己。

地窖里原本黑漆漆的，幸好公主的金发闪闪发光，把地窖照得亮堂堂的。公主环顾四周，发现一只鼹鼠正在挖土，于是她想：也许我可以变出一把铁锹，一点点把地窖挖开，逃出去。

说干就干，公主马上用金发变了一把铁锹，开始努力挖土。她挖呀挖，挖了整整一天一夜，终于成功挖通了隧道，顺利逃了出去。

再次见到明媚的阳光后，公主开心极了。她在阳光下转了几个圈，又摘了些野果子吃，然后便继续赶路。

而女巫在发现公主再一次逃跑后，彻底愤怒了。她眉头一皱，又想出了一条诡计。

这一次，女巫变成了一位白发苍苍的老人，颤巍巍地走在了公主面前，公主看到后马上心软了，心想：多么可怜的老人家，他连路都走不稳，也许我能帮他做点儿什么！

于是，公主走上前，询问老人有什么需要。

"哦，好心的孩子，我走累了，你能否把我送回家？我家就住在前面的小山上。"

公主想起前两次送孕妇和孩子回家时遭遇的困境，马上提高了警惕，她想了想，对老爷爷说："对不起爷爷，我不能这样做，因为我必须小心，不能随便跟着陌生人去偏僻的地方。"

"那好吧，不过我又累又渴，能否帮我找点儿水喝？"

"好的，老爷爷！"公主马上找来一只水桶，去旁边的小河里打了些水给老爷爷喝。

老爷爷喝完水，再三感谢了金发公主，并拿出一块苹果馅饼送给她吃。

此时的公主又累又饿，于是她接过馅饼，大口吃了起来。可是，馅饼还没吃完，她就昏了过去。

老爷爷马上变回了女巫的模样，狞笑着把公主抱进了一个山洞，然后将她的手脚都锁了起来，并在地下扎满了长钉。

公主醒来的时候，发现自己已经完全动不了了。此时，任她怎样变化头发都无济于事了。

但公主不甘心，她还是努力甩动自己的一头金色长发，让长发绽放出明亮的金光，试图照亮山洞，吸引路人来拯救自己。

此时，刚好有一位邻国的王子骑马经过山洞，他发现山洞里放射出金色的光芒，感到非常奇怪，决定进入山洞一探究竟。

走进山洞之后，王子发现了被困的公主，便举起长剑，打算拯救她。

"小心，地面上全是长钉，你是过不来的！"公主对王子说。

"的确如此，我们得想个办法。"王子看了看地下的钉子说道。

这时，公主将长发变化成了一块石板，然后将石板铺在了钉子上面。这样，王子就可以踩着石板走过去了。他举起宝剑，砍断了公主手腕和脚腕上的枷锁，将她救了出去。

王子救出公主后，将她送回了王宫。见到失而复得的女儿后，国王和王后非常开心，他们热烈拥抱了自己的孩子，并下令让士兵们前去搜捕女巫。

后来，士兵们在一座山洞里发现了女巫的尸体：原来，她在发现公主再一次逃走后非常愤怒，以致忘记了地下布满了尖锐的钉子，一不小心栽倒在了长钉上，被扎死了。

后来，金发公主嫁给了那位解救自己的王子，过上了幸福的生活。现在的她，依然喜欢帮助他人，但她也知道，有时候坏人会伪装成弱者的样子行骗害人，因此在帮助弱者的时候，也要提高警惕，随时随地为自己的安全负责。

安全提示

1.遇到比你强大的成年人请你帮忙，不要理睬，因为正常的成年人遇到困难只会找成年人帮忙，而不是求助于一个孩子。所以这背后一定有陷阱。

2.遇到老弱病残求助，在公共场合可以帮忙，但是不要单独送他们回家。

3.遇到身处险境的人请你帮忙，在保证自己安全的情况下可以帮忙，但最好及时报警，请警察或者其他好心人一起帮忙。

4.遇到危险不要慌张，冷静下来想办法。

5.如果被困在某个地方，比如地下室、密室等，或者被锁进房间时，可以试着制造光亮或者发出声音求救。

18

真公主不是傻白甜：

你的安全最重要

「 智慧心语：你的安全是世界上最重要的事，平
安比成功更重要。」

女儿：

　　和许多同龄的女孩一样，你喜欢公主童话，也读过许许多多的公主故事。也许，你还悄悄做过公主梦，可是，你知道真正的公主是什么样子的吗？

　　在许多女孩看来，身为公主，只要负责美丽和善良就好，遇到危险自然会有王子跳出来拯救公主；等到成年后，王子还会策划一场浪漫无比的求婚，待公主答应后，王子会亲手为公主戴上最闪亮的钻戒，然后，王子和公主举行盛大的婚礼，从此之后，两人便过上幸福的生活。

　　但现实是怎样的呢？做着公主梦长大的女孩，一头扎进了真实的社会，她们心思单纯，对坏人毫无防范之心，以为世界像童话那样美好，就这样，她们成了某些犯罪分子下手的目标，等待她们的不是英俊体贴的王子，而是手段残忍、内心黑暗的魔鬼，她们轻而易举就落入了魔鬼布下的陷阱，这才发现自己对现实毫无反抗之力……

　　我想，在猝不及防遭遇伤害的时候，许多做过公主梦的女孩内心是无比崩溃的，她们也许会想：为什么世界跟我想的不一样？童话里的公主明明遇上了她的白马王子，为什么我等来的却是一条披着人皮的豺狼？……

事实上，并不是世界欺骗了这些女孩，而是她们做公主梦的方式出了错。她们错误地认为，真正的公主就是傻白甜，只需要养尊处优，单纯善良就好，命运自然会为她们安排好英俊的王子、浪漫的爱情和优渥的生活。有一部分女孩，甚至在做公主梦的时候患上了"公主病"，变得个性骄纵、凡事都以自我为中心，认为自己天生就是所有人的公主，必须得到众人的宠爱。但事实上，命运不会厚待任何人，只有那些懂得自我保护、优雅自信、个性独立、积极向上的姑娘，才会得到命运的青睐，成为现实世界里真正的公主，过上令人羡慕的好日子。

孩子，也许你愿意读一读《小公主》这本书，书中诠释了一个真正的公主应有的姿态。女孩萨拉出身富贵之家，集万千宠爱于一身，进入寄宿学校后，她自然而然成为大家眼中的"小公主"。但萨拉没有被宠坏，依然保持着平和的性情和独立思考的习惯，对弱者也十分友善；后来萨拉的父亲投资失败，悲愤去世，萨拉的境遇也从云端坠落到了谷底，她变成了一名女仆，日日忍受着人们的嘲讽与折磨。虽然每天吃不饱、睡不好，又忙又累，但萨拉并没有因此自暴自弃，也没有放弃对生活的热爱，而是从艰难的生活里寻找着乐趣，并交到了许多动物朋友。

就这样，萨拉熬过了生命中最艰难的一段时光，直到苦尽甘来，她重新变回了一名"公主"。

孩子，我在网上为你买了这本书的中英文对照版，相信在读完它之后，你会对"公主"二字有更深一层的认识。请你记住：真正的公主，即便流落街头也不会沦为乞丐，她的灵魂永远高贵，也从来不会向困难屈服，她的身上，拥有着无穷无尽的勇气。

我的孩子，妈妈深深祝福你，愿你能够顺利掌握做公主梦的正确方式，并一步步成长为一名真正的公主。接下来，让我们一起来听最后一个有关"真公主"的故事吧。

某国王举办了一场"世界公主选拔大赛"，并计划从中选出一位"智慧女神"。世界各地的公主们纷纷赶来参加比赛，公主们大都穿着华丽的衣裙和漂亮的高跟鞋，头戴耀眼的王冠，并精心化了妆，打扮得靓丽多姿。每一位公主都对自己的美貌充满了自信，认为自己艳光四射，一定能摘得本届公主选拔赛的冠军。

第一位上场展示自己的是白雪公主，她的皮肤洁白如雪，头发乌油油的，嘴唇就像鲜红的樱桃一样，还有一双水汪汪的大眼睛。白雪公主穿着粉蓝色的公主裙，站在舞台上为大家唱了一支歌，她的歌声婉转动人，听上去无比悠扬。整个舞台都因为她的存在而变得光彩无限。

可是，国王却并未给白雪公主打出高分，而是摇了摇头，对她说："在我看来，你是美丽而无脑的，'傻白甜'三个字送给你再合适不过了。当初你的继母要杀你，你却对此毫无察觉，丝毫没有提前防范；当猎人把你带到森林里，准备杀害你之前，你原本有许多机会可以求救，可是你却傻傻地跟着猎人走进了森林的深处；而在发现七个小矮人所居住的小木屋之后，你竟然放心地走了进去，随便吃了桌子上摆放的食物，并躺在小矮人们的床上呼呼大睡，一点儿都不担心自己的人身安全；再后来，王后亲自去杀害你，你竟然毫无防备地给王后假扮的老妇人开了门，还吃下了她给的毒苹果。你的每一个行为都愚蠢至极，足够害死你自己一百次。所幸你的运气足够好，总是遇到善良的人来帮助你，因此你才勉强活了过来，过上了看似幸福的生活。但事实上，一个无脑的人是不可能获得真正的幸福的。傻女孩，现在请你走下舞台，你不是我要选的公主。"

白雪公主悲伤地走下了舞台。

第二位上场的是美人鱼小公主，她是海王的女儿，为了追求爱情做了许多傻事。因为思念王子，美人鱼小公主近来消瘦了不少，看上去很是惹人怜爱。她站在舞台上，说了这样一番话："我是一个爱情至上的女孩子，自从看到王子的那一刻，我就爱上了他，决定为他而活。为了爱情，我可以放弃海底的舒适生活，还可以牺牲自己的声音，乃至于亲情和友情，以及我的一切……我这次来参加比赛，就是希望获奖，也许这样王子就可以注意到我了，明白我才是真正爱他的人……"

"哦，我的傻孩子！"国王摇了摇头，无奈地说道，"孩子呀，自从你来到这个世界，你的父母和老祖母就对你视若珍宝，你为了所谓的爱情不停地做傻事、轻视和伤害自己，你可知道爱你的亲人们有多么痛心吗？孩子呀，你可知道，真正的爱情是建立在平等的基础上的，应当是两个独立的灵魂相互吸引、彼此欣赏，而不是一方卑微地追求另一方，像乞丐那样乞求对方的爱情。孩子，你应当活得洒脱一点儿，对不属于自己的东西要学会果断放手。"

"不，我做不到，在这世界上，爱情就是我唯一的信仰，没有王子的爱，我宁可死去！"小美人鱼摇着头说道。

"你走吧孩子，你不是我要找的那位公主。"国王叹了口气，无可奈何地说。

第三位上场的是睡美人公主，她的皮肤如玫瑰花一样粉嫩，还有一头长长的金色卷发，再搭配上镶金边的玫瑰长裙和闪亮的高跟鞋，走到哪里都能吸引人们的目光。就在不久之前，睡美人刚刚结束了长长的睡眠期，被一位王子吻醒，二人也交换了戒指，并计划在不久后举办婚礼。此刻的睡美人，仍然沉浸在对幸福的憧憬当中，可国王不留情面地说：

"人们都说你是因为受了巫师的诅咒，所以才陷入了沉睡，只有当你未来的伴侣亲吻你的时候，你才能苏醒过来。可是我却知道，这一切不过是你编造出来的谎言，你偶然间喜欢上了邻国的王子，为了吸引他，才故意在古堡里假装沉睡，让王子对此产生好奇，主动去一探究竟，并忍不住亲吻你。看上去你成功了，可是你知道吗？你做的事情太危险了，你独自躺在空无一人的城堡中睡觉，假如来的人不是王子，而是坏人呢？你想过会发生什么可怕的事情吗？"

国王的质问让睡美人无地自容，她没想到国王居然知晓自己的秘密，并且当众揭发了她。睡美人感觉丢脸极了，她迅速跳下了舞台，羞愧地跑远了。

接下来，第四位参选者出现了，她是世界上皮肤最娇嫩的公主——豌豆公主。这位公主本来是一个小国家的公主，后来因为跟父母吵架离家出走，流落到了另一个国家。在一个大雨夜，她又冷又饿，只好去王宫敲门请求借宿。王宫里的王后为了考验她，在床上铺了十二层床垫和十二床鸭绒被，并在最下面放了一粒豌豆，但公主娇嫩无比的皮肤还是觉察到了豌豆的存在。由此，这个国家的国王和王后认定她是一位真公主，并打算为她和王子举行婚礼。因为这件事，这位公主非常骄傲，因为她拥有世界上最娇嫩的皮肤。

可国王却是这样评价她的："一个女孩随随便便离家出走，

是对自己的不负责任，这样做太危险了！还有，你居然随便跑到不认识的人家中借宿，假如遇上了坏人该怎么办？一个女孩拥有娇嫩的皮肤不是什么稀奇的事，并不值得如此骄傲，相反，你若拥有头脑和智慧，才是真正令人羡慕的事。"

听了国王的话，豌豆公主也灰溜溜地走下了舞台。

下一位上场展示自己的公主是安娜公主，她是故事《青蛙王子》里的女主角，曾经为了找回心爱的金球，答应过青蛙同吃同睡的要求，如果不是因为青蛙长得太恶心，她也不介意践行这个承诺。后来青蛙变成了英俊的王子，这让安娜非常惊喜，她甚至有些得意扬扬。

可是国王的看法有点儿不一样，他说："安娜，作为一位公主，你必须坚守自己的原则，任何时候，都不能为了获得心爱的东西而舍弃原则，答应别人的无理要求；作为女孩，哪怕是为了报答别人，或者信守承诺，都绝不能随便跟别人同吃同睡，不过，你可以做一些自己力所能及的事情来报答帮助过你的人。经过我的观察，你的表现并不及格。"

听完国王的话，安娜也垂头丧气地离开了。

第六位上场的是拇指姑娘。严格来说，她其实也是一位公主——鲜花王国的小公主，她刚出生的时候，还是一粒鲜花的种子，并未变成人的模样。恰好一只鸟儿经过，把这粒种子叼走，扔在了女巫的花园里，女巫就把这粒种子送给了一位没有孩子的女人。后来拇指姑娘从花蕊中走了出来，女人非常欢喜，她虽然不是拇指姑娘的亲生母亲，但却对她非常宠爱，直到有一天女人的邻居癞蛤蟆来做客，骗拇指姑娘说要带她出门看风景，拇指姑娘上当了，坐在癞蛤蟆背上溜了出去，开始了一场危险的旅程。

国王对拇指姑娘说："你的错误在于，对熟人没有防范之心，错信了癞蛤蟆的话，结果被它拐骗了。发现被拐之后，你也没有积极想办法自救，而是一味哭泣，幸好鱼儿们看到你可怜，帮你咬断了大荷叶的叶梗，你才得以沿着河水漂到下游，摆脱嫁给一只癞蛤蟆的命运；后来，在被逼嫁给鼹鼠之前，你其实是有很多机会逃走的，但你却表现得非常柔顺，哪怕心里不愿意也不敢反抗，更没有采取行动逃离，如果不是燕子再次出现，并热情地鼓励你，也许你现在仍然待在冰冷黑暗的地下，当着鼹鼠的太太，过着永远不见天日的生活。孩子，你是单纯善良的，可是你缺乏保护自己的智慧。"

"您说得对，我确实是这样一个人。"柔弱的拇指姑娘不好意思地低下了头，用蚊子一样微弱的声音说道。在意识到自己的不足之后，她也悄悄退出了舞台，不好意思地躲到了深深的幕布后面。

这时候，一位穿灰裙子的女孩走上了舞台，女孩轻轻向国王鞠了一个躬，然后落落大方地自我介绍道："我叫辛德瑞拉，你们也可以叫我灰姑娘。很遗憾，我的父亲并不是某个国王，可是我母亲生前说过，并不是只有国王的女儿才能当公主，只要肯努力，每个女孩都可以成为公主。"

辛德瑞拉还没有说完，台下早已唏嘘一片。来参赛的公主们纷纷窃窃私语：

"原来她不是国王的女儿，只是个可怜的灰姑娘。"

"你瞧她身上的裙子，灰扑扑的，连一件像样的裙子都买不起，还想当公主？真是太可笑了！"

"你们听呀，她还说只要肯努力，每个女孩都能成为公主，公主是那么好当的吗？她真是太爱做梦了，嘻嘻……"

可是，无论台下的公主们怎么议论和嘲笑辛德瑞拉，她都表现得非常镇定，她从容地说："我想，真正的公主不一定要拥有王室的血统和尊贵的地位，而是要拥有积极的生活态度，从不放弃让自己变得更好，她们应当懂得保护自己、端庄优雅、思想独立，同时有着最高贵的灵魂。多年以来，我一直在朝着这个方向努力。我母亲去世后，继母一直虐待我、欺凌我，可是我一直心怀希望，面带微笑忍受生活，并且告诉自己，总有一天痛苦会过去，一切都会好起来；虽然没有好衣服穿，每天睡在厨房的草木灰上，可我依然会把衣服洗干净，绝不允许自己蓬头垢面；虽然继母给我安排了许多辛苦的工作，但我依然会利用空余的时间读书，认真学习知识。此外，我也一直在小心翼翼地保护着自己，努力避免着那些可能发生的侵害，永远把自己的安全放在第一位。"

听了辛德瑞拉的话，国王非常赞赏，他说："的确如此，虽然你没有母亲的庇护，但你很懂得保护自己，你总能提前预见危险的发生，并采取措施避免它，平时也很少到偏僻的地方去。去王宫参加舞会的时候，哪怕王子再三挽留，你也坚持在十二点之前回家，我知道你这样做只是为了保证自己的安全，而不是怕南瓜马车和水晶鞋消失，自己被打回原形。在我看来，你是个有智慧的女孩。"

就这样，国王把智慧女神的奖杯颁给了灰姑娘辛德瑞拉——一位不是公主的"公主"。

颁奖结束后，他语重心长地对所有女孩说："孩子们，请你们记住，你们的安全才是世界上最重要的事，平安永远比成功更重要。一个女孩首先要学会保护自己，然后才能谈及其他。一位有智慧的公主，人生第一课就是学会保护自己。"

安全提示

1. 不做傻白甜，要学会防范他人，遇到危险及时求救。

2. 不要随便给陌生人开门，更不要接受他们送的食物和礼物。

3. 一个人首先要学会自爱，才能得到别人的爱。为了爱情牺牲一切是不值得的。

4. 永远不要拿自己的人身安全去冒险。

5. 不要随便离家出走，更不要随便在外借宿。

6. 任何时候，都不能为了获得心爱的东西而舍弃原则，答应别人的无理要求。

7. 作为女孩，哪怕是为了报答恩人，或者遵守承诺，都绝不能随便跟别人同吃同睡，但你可以选择做一些自己力所能及的事情来报答帮助过你的人。

8. 遇到问题不要一味哭泣，应当积极想办法自救，或者把握机会向外界求救。